W0258290

Alfons Botthof · Joachim Pelka (Hrsg.)

Mikrosystemtechnik

Springer-Verlag Berlin Heidelberg GmbH

Alfons Botthof · Joachim Pelka (Hrsg.)

Mikrosystemtechnik

Zukunftsszenarien

Springer

Alfons Botthof
VDI/VDE-Technologiezentrum
Informationstechnik GmbH
Rheinstr. 10B
14513 Teltow
Germany

Joachim Pelka
Fraunhofer-Verbund Mikroelektronik VuE
Gustav-Meyer-Allee 25
13355 Berlin
Germany

ISBN 978-3-662-08760-2   ISBN 978-3-662-08759-6 (eBook)
DOI 10.1007/978-3-662-08759-6

Bibliografische Information Der Deutschen Bibliothek
Die Deutsche Bibliothek verzeichnet diese Publikation in der Deutschen Nationalbibliografie;
detaillierte bibliografische Daten sind im Internet über <http://dnb.ddb.de> abrufbar.

http://www.springer.de

Satz: Daten von den Autoren
Einbandgestaltung: E. Kirchner, Heidelberg
Gedruckt auf säurefreiem Papier   68/3111/M - 5 4 3 2 1

Zum Geleit

Deutschland ist seit Jahrhunderten ein Land der Denker, Forscher und Erfinder. *Johann Gutenberg, Otto Lilienthal, Albert Einstein, Klaus von Klitzing* haben als Visionäre Weichen der Entwicklung gestellt.

Weil das so bleiben soll, schaut man auch heute noch in die mittelbare und ferne Zukunft, entwickelt Ideen und realisiert langfristige Forschungsprogramme. Trotz aller wirtschaftlichen Probleme und eines tiefgreifenden gesellschaftlichen Wandels müssen visionäre Projekte gefördert werden. Das ist gut und wichtig. Nur so wird man auch noch im Jahre 2020 vom Standort *Deutschland* den weltweiten Wissenschaftsprozess aus führender Position begleiten und damit einer Tradition treu bleiben.

Berlin im Juli 2002

Herbert Reichl

Vorwort

Nachdenken? Ja, aber auch Vordenken!

Innovationsverläufe im Bereich von Hochtechnologie sind von einer hohen Dynamik gekennzeichnet. Das Aufspüren von Zukunftsszenarien ist daher vergleichbar einer Fahrt mit dem Auto in eine Nebelbank, wobei sich der Fahrer durch den Blick aus dem Seitenfenster und in den Rückspiegel orientiert. Es findet eine Extrapolation gegenwärtig bekannter Entwicklungslinien in die Zukunft statt; Sprunginnovationen sind kaum vorhersehbar. Dennoch ist „Foresight" ein wichtiges Instrument, um Trends und damit verbundene Gestaltungsoptionen zu durchdenken. Kurzfristige Vorausschauen und sich daraus abzeichnende Anforderungen an Innovationsprozesse ermöglichen es, die strategische Orientierung staatlicher Maßnahmen regelmäßig zu überprüfen und gegebenenfalls zu modifizieren. Eine mittel- und langfristige Vorausschau eröffnet hingegen neue Anwendungskorridore, in denen sich gesellschaftlich erwünschte Ziele neu formulieren lassen. Wissenschaftliche Erkenntnisse, Technologieoptionen, gesellschaftliche Bedürfnisse und wirtschaftliche Interessen oder auch Notwendigkeiten zeichnen gemeinsam das Bild möglicher Zukunftsszenarien.

Im Auftrag des *Bundesministeriums für Bildung und Forschung* (BMBF) hat die *VDI/VDE-Technologiezentrum Informationstechnik GmbH* (VDI/VDE-IT) die Geschäftsstelle des *Fraunhofer-Verbunds Mikroelektronik VμE* mit der Anfertigung einzelner Bestandteile oder Episoden eines großen Zukunftsgemäldes beauftragt. Dabei haben sich die Akteure als Innovationslotsen oder – mit Verlaub – Innovationstrüffelschweine für Mikrosystemtechnik-affine Technologielinien und visionäre Anwendungen gezeigt. Die Grenze zur Science Fiction wurde dabei bewusst nicht überschritten, weil sich Auftraggeber und Auftragnehmer einig darin waren, dass die Zukunftsentwürfe durchaus industrierelevant und damit Stimuli für die Industrie und für eine gemeinsame Diskussion über die Frage „Wie erreichen wir erwünschte Ziele?" sein sollten.

Die Darstellung von Visionen in Mikrosystemtechnik-relevanten Anwendungsbereichen kann nicht die Unsicherheiten über Märkte sowie über technische und unternehmerische Anforderungen restlos beseitigen. Diese kann aber dennoch Unternehmen Impulse für einen begründeten Einstieg in neue Technologie- oder Produktstrategien geben, wenn seriös erarbeitete Zukunftsszenarien die hohe Bedeutung der Mikrosystemtechnik für die Wirtschaft in für Deutschland wichtigen Feldern aufzeigen.

Der *Fraunhofer-Verbund Mikroelektronik* tut dies und stellt hier die Ergebnisse der so genannten „Berliner Kamingespräche zur Mikrosystemtechnik" vor, die unter Beteiligung nationaler Experten und international herausragender Persönlichkeiten zu den Themen

* „Das Leben im Jahr 2020",
* „Symbiontische Mikrosysteme (Mikrosystemtechnik & Life Sciences)",
* „Photonische Mikrosysteme (Mikrosystemtechnik & Mikrooptik)" und
* „Mechatronische Mikrosysteme (Mikrosystemtechnik & Mikrorobotik)"

im vergangenen Jahr 2001 stattgefunden haben.

Die in der vorliegenden Publikation durch die jeweiligen Moderatoren oder Themenverantwortlichen in den Reihen des *Fraunhofer-Verbunds* vorgelegten, interessanten Ergebnisse sind komplementär zur Betrachtung von Zukunftsfeldern im Rahmen einer vom *BMBF* in Auftrag gegebenen Ex-ante-Evaluation oder auch zu dem breit angelegten, partizipativen Foresight-Prozess des *BMBF* (www.FUTUR.de) zu verstehen. Ohne im Einzelnen die inhaltlichen Ergebnisse von *FUTUR* oder der Mikrosystemtechnik-Evaluation an dieser Stelle darstellen zu können, kann festgestellt werden, dass die jeweils aufgezeigten Entwicklungslinien, Inhalte und Szenarien hohe Übereinstimmungen zeigen resp. stark konvergieren.

Ebenso ist allen drei unabhängig voneinander durchgeführten „Analysen" gemein, dass der Mikrosystemtechnik als Schlüsseltechnik für künftige miniaturisierte Systemlösungen, die auch neueste Entwicklungen beispielsweise der Nano- und Biotechnologie integrieren kann, ausnahmslos eine zentrale Rolle zugesprochen wird.

Die Mikrosystemtechnik hat entsprechend ihrer zunehmenden Anwendungsrelevanz mittlerweile auch im forschungs- und industriepolitischen Umfeld deutlich an Bedeutung gewonnen. Industrie- und Fachverbände, Forschungsvereinigungen, Länderinitiativen usw. greifen aktiv in die Diskussion um strategische Orientierungen der Mikrosystemtechnik ein und formulieren dementsprechende Anforderungen auch an die staatliche Gestaltung von Förderung und Rahmenbedingungen. Die Arbeiten des Fraunhofer-Verbunds Mikroelektronik im Kontext der Kamingespräche sind als ein wichtiger Beitrag zu dieser innovationspolitischen Debatte anzusehen.

Die Mikrosystemtechnik wird demnach auch in Zukunft entscheidend zur Erhaltung und zum Ausbau der Wettbewerbsfähigkeit der deutschen Industrie und damit zur Sicherung von Arbeitsplätzen beitragen. Als „Technologie des 21. Jahrhunderts" kommt der Mikrosystemtechnik eine zentrale Rolle bei der Lösung drängender gesellschaftlicher Probleme zu.

Einordnung der Kamingespräche in das Förderkonzept „Mikrosystemtechnik 2000+"

Die „Kamingespräche" sind Bestandteil eines auf einem umfassenden Innovationsverständnis beruhenden förderpolitischen Konzepts, das *VDI/VDE-IT* zusammen mit dem *BMBF* erarbeitet hat: Dieses berücksichtigt, dass der einzel- und gesamtwirtschaftliche Erfolg der Mikrosystemtechnik nicht allein in den Entwicklungslabors bestimmt wird. Neben den naturwissenschaftlich-technischen Entwicklungen beeinflusst eine Reihe nichttechnischer Faktoren jeden

Innovationsprozess. Diese zu erspüren und deren wechselseitige Einflüsse verstehen zu lernen, benötigt ein „Vordenken", um daraus tragfähige Fördermaßnahmen zu entwickeln.

Auf einzelbetrieblicher Ebene zielen Innovationsprozesse auf die Umsetzung von Forschungs- und Entwicklungsergebnissen in Produkte, die sich im Wettbewerb erfolgreich behaupten können. In Deutschland sind kleine und mittelständische Unternehmen hier besonders innovativ. Ihre Kompetenzen können sie besonders gut in Zusammenarbeit mit anderen Unternehmen sowie mit Forschungseinrichtungen entfalten. Aus diesem Grund wird die Kooperation in Forschungs- und Entwicklungsverbundprojekten durch das Förderkonzept „Mikrosystemtechnik 2000+" des *BMBF* (www.vdivde-it.de/mst/) gezielt gefördert.

Auf gesamtwirtschaftlicher Ebene kommt es darauf an, geeignete Rahmenbedingungen für eine Umsetzung von Forschungsergebnissen in wirtschaftlich verwertbare Innovationen zu entwickeln. Darauf ausgerichtete Aktivitäten sind im Bereich Mikrosystemtechnik in innovationsunterstützenden Maßnahmen unter dem Akronym *INNOVUM* gebündelt.

In einem durch das *BMBF* moderierten Prozess unter enger Beteiligung von Experten aus Industrie und Forschung verständigte man sich auf folgende Handlungsfelder:

- *Strategische Informationen und Prozesse:* Unter Berücksichtigung neuer Entwicklungen und sich wandelnder Rahmenbedingungen wird das Förderkonzept adäquat ausgestaltet und weiterentwickelt. (In diesem Handlungsfeld finden sich auch Foresight-Elemente wie die *Kamingespräche* wieder.)
- *Informationsmanagement:* Die Verbreitung aktuellen Wissens über Entwicklungen in Technologien und Märkten liefert Entscheidern in der Mikrosystemtechnik wertvolle Orientierungshilfen.
- *Mikrosystemtechnik–Veranstaltungen:* Seminare, Kongresse und Messen werden als Informations- und Diskussionsplattformen genutzt.
- *Internationale Aktivitäten:* Im internationalen Umfeld werden strategische Diskussionen verfolgt und geführt sowie Innovationssysteme zur Mikrosystemtechnik in der Triade analysiert.
- *Infrastrukturmaßnahmen:* Begleitend zur Umsetzung des Konzepts der „Modularen Mikrosystemtechnik" wird die Verfügbarkeit von Standardkomponenten sowie spezifischen Dienstleistungen für den Entwurf und die Fertigung von Mikrosystemen unterstützt.
- *Qualifizierung in der Mikrosystemtechnik:* Die Weiterentwicklung des Aus- und Weiterbildungssystems zur Mikrosystemtechnik und Initiativen zur Nachwuchsarbeit legen die Grundlagen für die qualifizierten Mikrosystemtechnik-Mitarbeiter der Zukunft.
- *Einführung in die Mikrowelten:* Im Kontext einer Wanderausstellung zur Mikrosystemtechnik werden unter Einsatz unterschiedlicher Medien Technologien und Anwendungsfelder der Mikrosystemtechnik naturwissenschaftlich-technisch interessierten Laien im Sinne eines *public understanding of science and technology* vorgestellt.

Ich danke dem Vorsitzenden des *Fraunhofer-Verbunds Mikroelektronik, Prof. Dr. Reichl (Fraunhofer-Institut für Zuverlässigkeit und Mikrointegration IZM)*, seinen Kollegen *Prof. Dr. Fuhr (Fraunhofer-Institut für Biomedizinische Technik IBMT)* und *Prof. Dr. Karthe (Fraunhofer-Institut für Angewandte Optik und Feinmechanik IOF)* für ihre engagierte inhaltliche Arbeit sowie allen an den Kamingesprächen beteiligten nationalen und internationalen Experten, deren Namen alle in den anschließenden Beiträgen zu finden sind. Besonderer Dank gebührt *Herrn Dr. Pelka*, dem Geschäftsführer des Mikroelektronikverbunds, und seinem Mitarbeiter *Herrn Lüdemann*, die die wichtigen organisatorischen und redaktionellen Arbeiten geleistet haben.

Teltow im Juli 2002

Alfons Botthof

Inhaltsverzeichnis

Verzeichnis der Autoren

Alfons Botthof

Seniorprojektmanager und stellvertretender Leiter des Bereichs Gesellschaft,
VDI/VDE-Technologiezentrum Informationstechnik GmbH

Prof. Dr. Günter R. Fuhr

Leiter des Fraunhofer-Institut für Biomedizinische Technik (FhG-IBMT),
Universität des Saarlandes

Prof. Dr. sc. nat. Wolfgang Karthe

Leiter des Fraunhofer-Instituts
für Angewandte Optik und Feinmechanik (FhG-IOF),
Fraunhofer-Gesellschaft Jena

Dr.-Ing. Joachim Pelka

Geschäftsführer des Fraunhofer-Verbunds Mikroelektronik (FhG-µM),
Fraunhofer-Gesellschaft München

Prof. Dr.-Ing. Dr.-Ing. E.h. Herbert Reichl

Direktor des Fraunhofer-Instituts für Zuverlässigkeit und Mikrointegration
(FhG-IZM) und Vorsitzender des Direktoriums
des Fraunhofer-Verbunds Mikroelektronik

1 Einführung

Alfons Botthof · Joachim Pelka

Mikrosystemtechnik, entstanden aus der Ergänzung der Mikroelektronik durch andere Mikrotechniken wie Mikromechanik oder Mikrooptik, ermöglicht heute die Realisierung vollständiger Systeme für unterschiedlichste Anwendungen auf kleinstem Raum. *Deutschland* ist durch eine frühzeitige Förderung der Mikrosystemtechnik zu einem der weltweit führenden Standorte auf diesem Gebiet der Hochtechnologien geworden.

Schon zu Beginn der Mikrosystemtechnik-Initiative des *BMBF* Anfang der 90er Jahre ist insbesondere von den potenziellen Mikrosystemtechnik-Entwicklern die breite wirtschaftliche Bedeutung von mikrosystemtechnischen Produkten vorhergesagt worden. Diese Entwicklung ist tatsächlich auch so eingetreten, wenngleich die damals prognostizierte Revolution in dieser Form nicht stattgefunden hat. Statt dessen begann der Einzug mikrosystemtechnischer Komponenten in nahezu alle Bereiche technischer Applikationen. Eher still, von der breiten Öffentlichkeit kaum wahrgenommen, fand eine Eindiffusion mikrosystemtechnischer Produkte in die verschiedensten Applikationsfelder mit teilweise bedeutenden Entwicklungen statt. Das dadurch heute vorliegende Reservoir mikrosystemtechnischer Grundsatz- und Prinziplösungen umfasst eine enorme Vielfalt und birgt inzwischen ein bedeutendes wirtschaftliches und technisches Potenzial in sich.

Die Bewertung des Potenzials einer Mikrosystemtechnik von morgen verlangt einen umfassenden Blick in die weitere Zukunft. Folgerichtig standen die *Berliner Kamingespräche zur Mikrosystemtechnik* mit der Überschrift „Micro System Technology & Future Life" nicht ausschließlich im Zeichen der heutigen Mikrosystemtechnik und verfügbarer Technologien, sondern spannten einen Bogen von der Mikroelektronik-basierten drahtlosen Telekommunikationstechnik über die Fragen optischer Mikrosysteme bis hin zu den „denkenden Gegenständen" des MIT MediaLab. Neben den generellen Betrachtungen zu einer auf das Jahr 2020 ausgerichteten Mikrosystemtechnik wurden die interdisziplinären Grenzbereiche zu den *Life Sciences*, zur *Mikrooptik* und zur *Mikrorobotik* im Rahmen der Veranstaltungsreihe vertieft.

Die aus Mikroelektronik und Mikrosystemtechnik bekannte Miniaturisierung wird in den nächsten 20 Jahren so weit voranschreiten, dass der überwiegende Anteil von Produkten „Mikrosysteme" im heutigen Sinne sein werden. „Mikrosysteme" und „Mobile Produkte" werden zukünftig gleichzusetzen sein. Die heute schon abzusehende allgegenwärtige Vernetzung von Mikrosystemen bzw. mobilen Produkten und ihre Einbindung in lokale und globale Datennetze wird zu einer Vielzahl von z.T. verteilten, durch adhoc-Netzwerke verknüpften Systemen führen, was die Mikrosystemtechnik in völlig neue Anwendungsbereiche führen wird. Mikrosystemtechnik wird allgegenwärtig (*ubiquitär*).

Die im gleichen Zeitraum erwarteten gesellschaftlichen Randbedingungen werden nach allgemeiner Auffassung aber auch dazu führen, dass bei zukünftigen technischen Entwicklungen nicht mehr die Technik oder Technologie, sondern zunehmend der Mensch als Individuum im Mittelpunkt stehen wird. Mikrosysteme und darauf aufbauende Produkte werden sich verstärkt an den menschlichen Wünschen und Bedürfnissen ausrichten müssen. Sie werden als Bindeglied zwischen Mensch und Technik aber auch eine neue Qualität der Mensch-Maschine-Schnittstelle ermöglichen und damit eine wesentliche Voraussetzung für die Akzeptanz und somit auch für den wirtschaftlichen Erfolg zukünftiger Entwicklungen schaffen. Diese Entwicklungen werden unter dem Oberbegriff der *Human-Orientierung* zusammengefasst.

Die zunehmende Durchdringung gerade auch mechanischer Anwendungen mit mikroelektronischen aber auch mikrosystemtechnischen Komponenten lässt die sogenannte *Mikromechatronik* verstärkt in den Mittelpunkt des Interesses rücken. Am Ende der dort diskutierten Entwicklungen steht als Vision der autark operierende *Mikroroboter*, ein faszinierendes Entwicklungsziel, das aber auch die Akzeptanzproblematik moderner Hochtechnologien verdeutlicht.

Mikrosysteme rücken verstärkt auch als unverzichtbare Werkzeuge in andere Wissenschaftsbereiche vor, wie am Beispiel der *Lebenswissenschaften (Life Sciences)* deutlich wird. Medizintechnik, Biotechnologien aber auch die Nahrungsmittelindustrie werden zukünftig nicht ohne Mikrosysteme auskommen.

Eine Klammer im Hintergrund bildet die Informations- und Kommunikationstechnik, in der photonische Mikrosysteme zur Datenübertragung und Datenspeicherung immer neue Entwicklungen der Mikrooptik verlangen. Neben Mikroelektronik und Mikromechatronik wird die *Mikrooptik* in der nächsten Zeit eine extrem wachsende Bedeutung erlangen.

Mikrosysteme als intelligente Werkzeuge der Zukunft werden auf diesem Wege entscheidend dazu beitragen, eine elektronische Umwelt aufzubauen, die als „Smart Environment" eine Brücke zwischen dem Menschen und einer computerisierten „Cyber World" schlagen wird. Fünf Anwendungsfelder wurden aus diesen Überlegungen heraus als Treiber für eine zukünftige Mikrosystemtechnik identifiziert:

- *Human-orientierte Mikrosysteme (Mensch-Maschine-Schnittstelle):*
  Mikrosysteme lernen zu sehen, zu hören, zu sprechen, zu tasten und zu riechen. Sie kennen ihren Aufenthaltsort und reagieren den äußeren Randbedingungen entsprechend.

- *Mechatronische Mikrosysteme und Mikrorobotik:*
  Mikromechatronische Module, mikrorobotische Systeme, Leistungsaktuatoren und Hochtemperatursensoren bilden die Grundlage z.B. für das angestrebte 1-Liter-Auto und für neue Generationen der Produktionsautomatisierung. Dieses Anwendungsfeld beinhaltet mit der Vision des autarken Mikroroboters gleichzeitig ein Leitbild für langfristige Entwicklungen in der Systemintegration, die heute noch weit von der Perfektion biologischer Vorbilder wie einer Stubenfliege entfernt ist.

- *Ubiquitäre Mikrosysteme:*
  Miniaturisierung lässt Mikrosysteme in alle Bereiche des Lebens vordringen und ermöglicht auf der Basis von Low-Cost-Technologien eine umfassende elektronische Assistenz, umfassende Sicherheitstechniken und zuverlässige Identifizierungsmöglichkeiten. Ubiquitäre Mikrosysteme werden u.a. zur Grundlage für Handel und Logistik werden.

- *Photonische Mikrosysteme:*
  Mikrosysteme werden die zentralen Elemente der optischen Datentechnik und schließen die Lücke zwischen optischer Datenübertragung und Höchstfrequenzelektronik. Sie werden entscheidende Elemente in der Informationsvisualisierung und unverzichtbar in der Datenspeicherung. Mit den Möglichkeiten der Opto- und der Hochfrequenzelektronik werden neue Prinzipien für Sensoren erschlossen.

- *Symbiontische Mikrosysteme:*
  Mikrosysteme werden auch biokompatibel und nutzen biologische Materialien und Prinzipien. Aufbauend auf Forschungsergebnissen aus den Life Sciences werden Mikroreaktoren zu implantierbaren künstlichen Organen oder produzieren personalisierte Medikamente. Zellinterfaces und Neuroimplantate erlauben intelligente, nervengesteuerte Prothesen.

Mikrosystemtechnik wird damit wegweisend für ein interdisziplinäres Arbeiten und Forschen werden, da Mikrotechniken allein zwar technologische Ansätze entwickeln können, für die Umsetzung technischer Möglichkeiten in die Anwendung aber mehr und mehr die Zusammenarbeit mit anderen Branchen erforderlich wird. Dies ist zugleich Herausforderung und Chance für Forschung und Entwicklung in Unternehmen, Universitäten und Instituten.

Für eine weiterhin auch wirtschaftlich erfolgreiche Mikrosystemtechnik am Standort *Deutschland* ist die Politik gefordert, durch eine entsprechende Unterstützung von Unternehmen, Universitäten und Forschungsinstituten die Rahmenbedingungen dafür zu schaffen, dass existierende Technologien in *Deutschland* in Produkte umgesetzt und neue Technologien aufgebaut werden können. Effizienter Wissens- und Technologietransfer bleibt ein Engpass, der bewältigt werden muss, aber auch die nicht ausreichenden Human-Ressourcen sind ein trotz schlechter Wirtschaftslage kritischer Aspekt für den Standort *Deutschland*.

In gemeinsamen Anstrengungen müssen Politik, Wissenschaft und Unternehmen die noch immer weit verbreitete Technikfeindlichkeit in der Gesellschaft abbauen, um so eine neue und fruchtbare Basis für die Zukunft zu schaffen. Transparenz in Wissenschaft und Technologie ist die Basis für ein breites „*public understanding of science*", eine wichtige Grundvoraussetzung für die Schaffung einer ausreichenden Akzeptanz für innovative Produkte in breiten Schichten der Bevölkerung.

Weitere Maßnahmen müssen dem Aufbau global agierender Forschungsnetzwerke, aber auch der Etablierung weltweit anerkannter Standards gelten. Beides ist im Zeitalter globaler Märkte eine wichtige Voraussetzung zum wirtschaftlichen Erfolg.

> *Microsystem Technology goes ubiquitous*
>
> „In the 21st century the technology revolution will move into the everyday, the small and the invisible ...
>
> The most profound technologies are those that disappear. They weave themselves into the fabric of everyday life until they are indistinguishable from it."
>
> *Mark Weiser (1952–1999), Xerox Corporation*

2 Das Leben im Jahr 2020

Herbert Reichl

2.1 Einführung und Charakterisierung des Themengebietes

Aus den Wirtschaftswissenschaften ist die sogenannte *Schumpeter-Grafik* (siehe Abb. 1) zur Darstellung von Innovationszyklen (auch als *Kondratieff-Zyklen* bezeichnet) bekannt. Wenn man diesen Darstellungen Glauben schenken darf, stehen wir kurz vor dem Niedergang des Zeitalters der klassischen Elektronik und am Beginn einer neuen Ära, der für das Jahr 2020 vorhergesagt wird. Damit stellt sich die Frage, welche Technologie bzw. Basisinnovation den nächsten Zyklus charakterisiert und schon heute vorbereitet werden muss. Die Ära der „Biologie"? Das Zeitalter einer „Infotainment Society"? Oder beginnt ein Abschnitt der „Interfaces"? Egal wie dieser Innovationszyklus aussieht, Mikrotechnologien, insbesondere Mikrosystemtechnik und Mikroelektronik als bis dahin ausgereifte Technologien, werden nach wie vor die entscheidende Rolle spielen.

Der immer stärker in den Vordergrund rückende Systemgedanke bedeutet eine fortschreitende Systemintegration, eine immer weiter gehende Miniaturisierung sowie eine weltweit mit hoher Geschwindigkeit wachsende Vernetzung. Dieses führt zum Aufbau von verteilt arbeitenden Systemen und erzwingt die Entwicklung von neuartigen, selbstorganisierenden und selbstkonfigurierenden Softwarekonzepten. Die dabei in immer stärkerem Maße Hand in Hand gehenden Entwicklungen von Hard- und Software führen zu einer stetig enger werdenden Vernetzung beider Gebiete. Was man heute noch als (Hardware-) Mikrosystem bezeichnet wird morgen zum Produkt der Zukunft.

Schlagworte wie „Ambient Intelligence" und „Ubiquitous Computing" prägen heute die Zukunftsdiskussionen. „Smart Objects" beginnen, eine elektronische Umwelt entstehen zu lassen und werden zu neuen Visionen über das Mensch-Maschine-Interface führen. Häufig diskutierte, aber nicht immer realistische Vorstellungen basieren dabei z.B. auf der unverwechselbaren DNA als Ersatz für Passwörter und PIN-Codes und auf der Verfügbarkeit von Neuro-Schnittstellen.

Im Bereich der Vernetzung werden zudem optische Netze eine verstärkte Rolle spielen. Schon heute setzt man sie nicht nur in der Weitverkehrstechnik ein, auch auf Leiterplattenebene werden bereits optische Hochgeschwindigkeits-Datenverbindungen realisiert.

Ein weiterer wichtiger Forschungspunkt ist die Umweltproblematik. Trotz aller Miniaturisierung wird die wachsende Anzahl von mikrotechnischen Systemen schon mittelfristig neue Abfall- und Recyclingverfahren erfordern. Ungelöst ist auch noch das Problem der Energieversorgung einer explosionsartig wachsenden Anzahl von mobilen Mikrosystemen. Heutige Anstrengungen, Antworten auf diese Fragestellung zu finden, gehen in Richtung auf neue Materialen (Recyclebarkeit, Energiespeicherung) und neue Fabrikationskonzepte („Die Elektronikfabrik der Zukunft ist ein Drucker"), schließen aber auch mikrosystemtechnische Verfahren zur Energieerzeugung und den molekularen Bereich (Nanoassembly) mit ein.

Als Konsequenz wird das erwartete Zeitalter der mobilen elektronischen Produkte tatsächlich ein Zeitalter der Mikrosysteme sein.

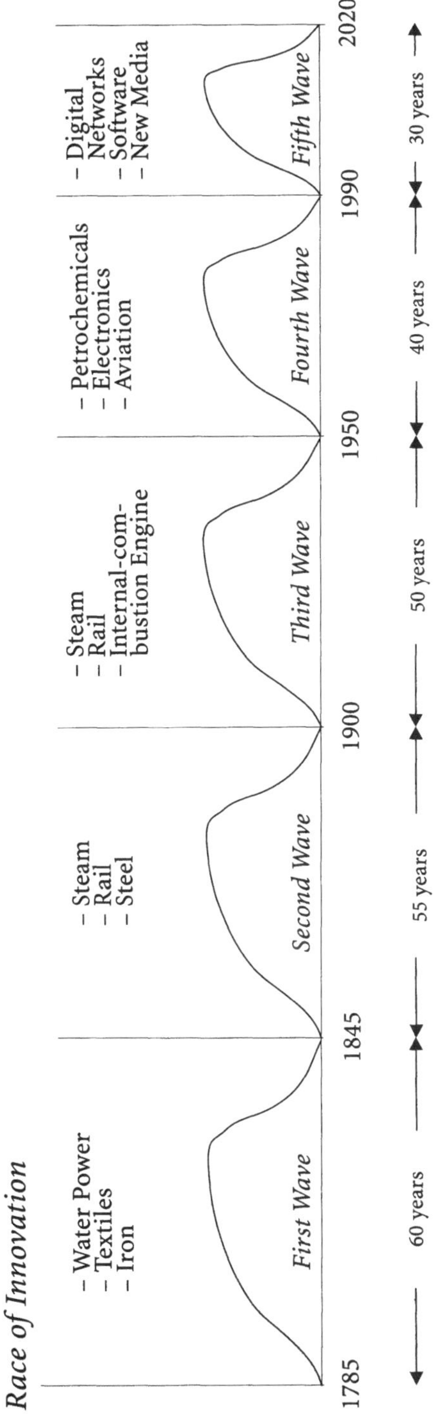

Abb. 1. Schumpeters Innovationszyklen werden immer kürzer und lassen für das Jahr 2020 den Beginn eines neuen Zyklus erwarten (Quelle: The Economist, February 20th 1999)

2.2 Gesellschaftliche Rahmenbedingungen

Die weitere Entwicklung der Mikrosystemtechnik ist längerfristig unbedingt vor dem Hintergrund der gesellschaftlichen Entwicklung zu betrachten. Zukünftige Produkte werden maßgeblich durch die gesellschaftlichen Randbedingungen und ihre Auswirkungen auf Wirtschaft, Forschung und Ausbildung beeinflusst werden.

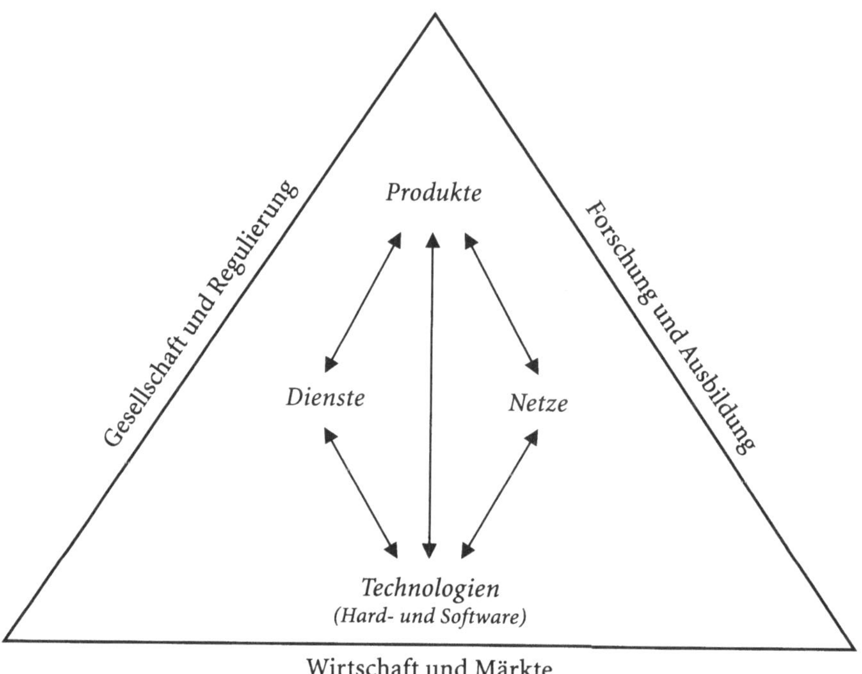

Abb. 2. Technische Entwicklung im Wechselspiel von Gesellschaft und Regulierungen, Forschung und Ausbildung sowie Wirtschaft und Märkten

2.2.1 Gesellschaft, Recht, Regulierung

Allgemein wird angenommen, dass die heute schon zu beobachtende Polarisierung der Gesellschaft in eine „unterhaltungshungrige Masse" und eine „informationshungrige Elite" weiter zunehmen wird. Entsprechend ist damit zu rechnen, dass das Interesse an technischen Berufen weiter zurückgeht, falls es nicht gelingt, auch anspruchsvolle Information in Form von Unterhaltung zu vermitteln.

Seit längerem schon ist eine wachsende Kritik und Skepsis gegenüber der Technisierung des täglichen Lebens zu beobachten. Gleichzeitig entsteht aber eine zunehmende Sorglosigkeit im Umgang mit persönlichen Daten und neuen

Medien. Vor der Zerstörung der Privatsphäre durch die zunehmende Vernetzung wird gewarnt, die Kreditkarten-Nummer aber bedenkenlos im Internet per E-Mail verschickt. Wahrnehmbare Technik stößt vielfach auf Ablehnung, nicht offen sichtbare Hochtechnologie wird dagegen überhaupt nicht als solche wahrgenommen und wie selbstverständlich genutzt. Paradoxerweise werden es die technischen Entwicklungen und der selbstverständliche Umgang mit ihnen ermöglichen, dass mehr und mehr Ingenieurleistungen heutiger Prägung von praktisch jedermann erbracht werden können, ohne dass dies richtig bewusst wird („Everybody is an engineer"). Dies wird zu einer Verschiebung des Berufsbildes führen. Ausgebildete Ingenieure werden zunehmend in der immer höhere Qualifikationsansprüche stellenden Produktion eingesetzt werden.

Der zunehmenden Mobilität in Beruf und Privatleben steht das Bedürfnis des Individuums nach Bindung und Kommunikation entgegen. Dies hat bereits zu dem allseits völlig unterschätzen Wachstum des Handy-Marktes geführt und wird weiter Treiber zukünftiger Kommunikationsmärkte bleiben. Weltweite Kommunikation, sowohl aus beruflichen Gründen wie auch zum Aufrechterhalten familiärer Bindungen, wird zu einem Grundbedürfnis werden. Bei der technischen Weiterentwicklung dürfen aber Aspekte wie der Ruf nach einer „Weltkommunikationsordnung", sowie der Schutz der Privatsphäre durch das im Internet ungewollt entstehende virtuelle Abbild jedes Individuums nicht unberücksichtigt bleiben. Eine gewisser Schutz der Privatsphäre wird notwendig sein, eine straffe Regulierung der Kommunikation wird dagegen eher in ein wirtschaftliches Abseits führen.

Aus heutiger Sicht lassen sich als grundlegende Ansprüche an ein Leben im Jahr 2020 die in Tabelle 1 aufgeführten formulieren.

Bislang ist nur eine kleine „Elite" in der Lage, bewusst mit der Fülle der elektronischen Möglichkeiten, d.h. mit der entstehenden „Cyber World", umzugehen. Die breite Masse steht der Elektronik, so wie wir sie heute kennen, relativ hilflos gegenüber. Zu sehr steht die Technik im Mittelpunkt, zu sehr ist in den

Tabelle 1. Ansprüche an ein Leben im Jahr 2020

Dimension	*Ansprüche*
Gesundheit	• human-gerechtes Monitoring des Gesundheitszustandes • nicht-invasive Diagnostik • umfassende und intelligente Prothetik
Sicherheit	• Datenschutz / Erhalt der Privatsphäre (Privacy) • eindeutige Identifikation mittels Information/Kommunikation
Kommunikation	• weltweit schnell über alle Medien • beruflich und privat
Unterhaltung / Information	• überall • unter Beteiligung aller Sinne • interaktiv • Erfüllung der Ansprüche einer Infotainment Society

letzten Jahren durch die Medien, aber auch in der Ausbildung, eine Technikfeindlichkeit unterstützt worden. Von der heute sichtbaren, eher menschenfeindlich wirkenden Technisierung unserer Welt, die neben unleugbar vielen Risiken eine Fülle von Chancen bietet, muss eine Brücke zurück zum Menschen geschlagen werden. Mit dem Blick in die Zukunft werden soziale Fragestellungen im Zusammenhang mit der Weiterentwicklung der Mikrosystemtechnik einen immer bedeutenderen Stellenwert erreichen. Zukünftige Entwicklungen der Mikrosystemtechnik müssen daher das Prädikat „humanorientiert" tragen, d.h. technische Systeme müssen sich den Bedürfnissen des Nutzers anpassen. Der Mensch und nicht die Technik muss zukünftig im Mittelpunkt der Produktentwicklung stehen.

Es gibt Anzeichen dafür, dass sich bei geschicktem Einsatz der Mikrosystemtechnik die oben erwähnte „elitäre Schicht" der Mikrosystemtechnik-Nutzer grundlegend ändern kann. Als konkretes Beispiel ist die Entwicklung in einem indischen Dorf ohne externe Stromversorgung zu nennen. Hier schufen sich die Bewohner in kurzer Zeit einen auf modernster Technik basierenden, energieautarken Zugang zum Internet, da ihnen bewusst gemacht werden konnte, dass sie sich nur durch Nutzung moderner elektronischer Möglichkeiten aus der Isolation ihrer dörflichen Umgebung lösen können.

Dem Überzeugen der breiten Öffentlichkeit von den Chancen und Möglichkeiten moderner Hochtechnologie kommt neben den Fragen der humanorientierten Mensch-Maschine-Schnittstelle eine entscheidende Bedeutung bei der für eine kommerziellen Erfolg notwendigen Lösung des Akzeptanzproblems zu. Heute noch nicht im Vordergrund stehende Randgruppen, wie Kinder, Behinderte, Senioren und Kranke werden sich mit Mitteln der Mikrosystemtechnik eigene, individuelle Schnittstellen schaffen können, die bedürfnisorientiert agieren. Im Sinne des allgegenwärtigen Computings werden diese „Berührungspunkte" als solche nicht oder nur am Rande wahrnehmbar sein, was Vorurteile und Ängste verhindert. Diese Vorteile von Mikrosystemtechnik-basierten Produkten können damit sehr große Bevölkerungsschichten erreichen, mit all den daraus resultierenden positiven politischen, gesellschaftlichen und wirtschaftlichen Aspekten.

Ein entscheidender Kritikpunkt dieser Entwicklung ist der von verschiedenen Seiten befürchtete Verlust der Privatsphäre. So gilt es stets zu berücksichtigen, dass der Mensch zukünftig auch als „virtuelles Individuum" eines intensiven und umfassenden Schutzes bedarf, ohne dass diese Diskussionen und dadurch entstehende und in mancher Hinsicht auch notwendige Regulatorien bzw. Randbedingungen in eine Art „Stammzellen-Diskussion" der Informationstechnik abgleiten. Eine weitere Aufgabe zukünftiger Mikrosystemtechnik wird es daher auch sein, persönliche Daten individualisiert handhabbar zu machen, sie aber gleichzeitig vor Fremdzugriffen zu schützen, ohne die Verfolgung von Straftaten zu behindern.

Die Auseinandersetzung über Prävention vor Straftaten und Missbrauch einerseits und den individuellen und gesellschaftlichen Vorteilen andererseits muss sicher über die Diskussionen in diesem Workshop hinaus interdisziplinär bzw. transdisziplinär weitergeführt werden. Sie kann eine der wichtigsten Antriebskräfte und Korrektive bei der weiteren Entwicklung der Mikrosystemtechnik werden.

Im Bereich der Umweltfragen wird der Mikrosystemtechnik eine zweigeteilte Rolle zukommen. Auf der einen Seite gehen die Experten davon aus, dass Mikrosysteme einen entscheidenden Anteil beim effektiven Umgang mit Ressourcen erlangen werden, da sich aus heutiger Sicht nur auf der Basis der Mikrosystemtechnik intelligente Abfallvermeidungs- und Recyclingkonzepte realisieren lassen werden. Gleiches gilt beispielsweise für den effizienten Umgang mit Energie. Gleichzeitig wird die zunehmende Fülle von Mikrosystemen ein neues Umweltproblem erzeugen. Die zunehmende Miniaturisierung verringert zwar den Material- und Ressourcenbedarf des Einzelsystems, die explosionsartig wachsende Anzahl von Mikrosystemen überkompensiert diesen Effekt jedoch deutlich. Daraus erwächst die Aufgabe, umweltfreundliche und ressourcenschonende Materialien und Technologien auch für die Mikrosystemtechnik selbst zu realisieren.

Als Konsequenz für eine zukünftige Mikrosystemtechnik und damit als Anforderungen an MST-basierte Produkte lassen sich damit formulieren:

- MST-basierte Produkte müssen „unsichtbar" werden. Sie dürfen den Anwender nicht behindern. Sie müssen sich der Anwendung anpassen, ohne diese zu behindern.
- Sie müssen einen intuitiven und human-orientierten Zugang zur global vernetzten und hoch technisierten „Cyber-World" ermöglichen.
- Sie werden Möglichkeiten zur sicheren Identifizierung von Objekten und Personen schaffen.
- Sie müssen auch in einer total vernetzten Welt den Schutz der Privatsphäre ermöglichen.
- Sie werden dadurch eine bessere Integration gesellschaftlicher Randgruppen wie Kinder, Behinderte, Senioren und Kranke ermöglichen.
- Sie werden einen entscheidenden Beitrag zur Lösung der Umweltproblematik liefern können, dürfen aber gleichzeitig nicht selbst zu einem neuen Problem werden.

2.2.2 Forschung und Ausbildung

Durch das immer stärker zu beobachtende Zusammenwachsen von Hard- und Software und der damit verbundenen Standardisierung vieler Hardwarekomponenten geht die Bedeutung der Hardware auch in der Ausbildung zurück. Das Elektrotechnikstudium von heute nähert sich immer stärker der Informatik und damit den Softwarebereichen an. Dies führt zu einer weiteren Verringerung der Studentenzahlen in den klassischen Ingenieursdisziplinen und lässt langfristig einen starken Verlust im Bereich des hardware-orientierten Know-hows erwarten. Dies wird zwangsläufig zu einer Verringerung der Beschäftigtenzahlen in der Forschung führen. Auch im Produktionsbereich kann diese Entwicklung problematisch werden, da hier mit einem Anstieg des Anteils an höher qualifiziertem Personal gerechnet wird.

Der Rückgang der Beschäftigtenzahlen in der Forschung und die Hinwendung zu software-orientierten Themen bei den Studenten wird an den Universitäten zu einer Dominanz der Lehre führen und die in der Vergangenheit grundlagenorientierte Forschung in die Anwendungsfelder Software und Systeme, Modellierung und Simulation führen. Diese Tendenz wird durch die prekäre Haushaltslage der Universitäten massiv unterstützt. Die Ausbildung wird im Zeichen der Internationalisierung (Veranstaltungen in englischer Sprache) und der Globalisierung der Lehrinhalte stehen. Das Internet als Lernmedium und eine zunehmende elektronische Assistenz durch Nutzung des Internets und drahtloser Kommunikationsmöglichkeiten wird dabei zunehmend an Bedeutung gewinnen.

Im Forschungsbereich lässt sich die Tendenz beobachten, dass sich große Unternehmen in zunehmendem Maße auf das sog. Requirement Engineering beschränken und die Durchführung der eigentlichen Forschungsarbeiten an Institute und Universitäten auslagern. Lediglich Leading Edge Technologien und anwendungsspezifische Komponenten sind noch selbst von der Industrie zu bearbeitende Themen („lean research"). Während sich die Universitäten auf Software- und Systementwurfsaspekte konzentrieren werden, fällt den Instituten damit die Realisierung von neuartigen Produktideen, der Bau von Demonstratoren und die Entwicklung neuer Technologien zu. Die heute existierenden Institute werden sich auf zwei Bereiche fokussieren. Dies ist zum einen die Grundlagenforschung, zum anderen die angewandte Forschung.

Für eine erfolgreiche Forschung und Entwicklung ist die Ausbildung netzwerkartiger Strukturen erforderlich, in denen unterschiedliche Einrichtungen verschiedene Ebenen bzw. Aufgabenstellungen bearbeiten. Dabei wird z.B. der *Fraunhofer-Gesellschaft (FhG)* die Rolle der fertigungsnahen Umsetzung von Produktideen (Demonstratorfertigung) zukommen. Instituten der Blauen Liste wird zunächst noch eine Rolle zugewiesen, die zwischen der anwendungsnahen Umsetzung in Demonstratoren durch die *Fraunhofer-Gesellschaft* und der Grundlagenforschung, wie sie durch die *Max-Planck-Gesellschaft* durchgeführt wird, liegt. Zunehmende Bedeutung kommt auch einer wachsenden Interdisziplinarität zu, wie sie erfolgreich in den *USA* am *MIT MediaLab* des *Massachusetts Institute of Technology* (*MIT*) praktiziert wird.

Wichtig erscheint jedoch, dass Forschungsnetzwerke für einzelne Leitthemen der Mikrosystemtechnik etabliert werden, um so den offenen Austausch von Ergebnissen und eine schnelle Umsetzung in Produkte durch die Industrie zu ermöglichen. Dies sollte auch ein Anreiz sein, den jeweiligen Forschungsinstituten auf der Basis von gemeinsamen Themen eine zielgerichtete Zusammenarbeit zu ermöglichen.

Für eine zukünftige Mikrosystemtechnik-Forschung sind somit die folgenden Punkte Grundlagen für den Erfolg:

- Netzwerkbildung,
- international orientierte Ausbildungsprogramme und
- Schwerpunktbildung durch Leitthemen (Fokussierung).

2.3 Wirtschaft und Arbeitsmarkt

2.3.1 „Old und New Economy" am Standort Deutschland

Die heutige Diskussion um den Standort *Deutschland* ist stark vom Auf und Ab der sog. „New Economy" geprägt. Gerade vor dem Hintergrund der zum Teil dramatischen Kursverluste von Unternehmen des Neuen Marktes muss festgestellt werden, dass „Old" und „New Economy" nicht getrennt voneinander betrachtet werden dürfen. Ohne Schwung und Ideen aus dem Neuen Markt hätten viele klassische Unternehmen den Weg in moderne Technologien nicht beschritten und ohne den Nährboden der „Old Economy" wären die Unternehmen des Neuen Marktes erst gar nicht entstanden. „Old" und „New Economy" sind daher als Einheit zu betrachten, da sie in enger Wechselwirkung miteinander stehen und nur die wechselseitige Befruchtung den wirtschaftlichen Erfolg sichert.

Es zeigt sich aber auch, dass Produktion und Entwicklung eine untrennbare Einheit bilden. Qualifizierte Entwicklungsteams brauchen den Zugang zu Produktionsmöglichkeiten vor Ort (die durchaus Pilotcharakter haben dürfen), um ihre Ergebnisse erfolgreich umsetzen zu können. Die Produktion wiederum braucht Entwicklungsteams am Standort, um rasch und flexibel auf Marktanforderungen reagieren zu können und um neue Ideen effektiv umsetzen zu können.

Durch einen hohen Automatisierungsgrad, den wachsenden Bedarf an hochqualifiziertem Personal und modernen, ressourcenschonenden Verfahren ist die Beibehaltung der Kombination aus Produktion und Entwicklung am Standort *Deutschland* möglich. Zur Sicherung des Standortes und als Basis für Innovation ist aber die Unterstützung einer entsprechenden Ausbildung, die Konzentration auf Systemfragen (Kodesign und Produktion von Hard- und Software) und der Erhalt einer technologischen Infrastruktur in Forschung und Industrie erforderlich.

Die Trennung zwischen Forschung, Entwicklung und Produktion wird sich dabei zunehmend verwischen, da die Produktzyklen und damit die Entwicklungszeiten immer kürzer werden und die heute entstehende Interdisziplinarität zu einer produktstimulierten Forschung führt.

Während aus heutiger Sicht die zukünftige Bedeutung des eCommerce für den Produktions- und Technologiestandort *Deutschland* nicht zuverlässig abgeschätzt werden kann, sind alle Informations- und Kommunikationstechnologien klar als Wachstumsmotore für die Wirtschaft anzusehen. Der positive Arbeitsmarkteffekt durch Informations- und Kommunikationsanwendungen ist eindeutig. Allerdings kann sich ein Mangel an Softwareentwicklern wie an Ingenieuren als kritisch für die Standortattraktivität herausstellen.

Vor dem Hintergrund der zunehmenden Globalisierung muss auch über neue Unternehmensformen, z.B. über eine Internet-gestütze Heimarbeit nachgedacht werden.

2.3.2 Die Bedeutung der Mikrosystemtechnik für die Industrie

Die Bedeutung der Mikrosystemtechnik für die Industrie ist äußerst vielschichtig. Technologietreiber sind heute vielfach kleine und mittlere Unternehmen, die schnell und flexibel neue technologische Möglichkeiten aufgreifen und Visionen in Produkte umsetzen können. Dies gilt insbesondere für die schon beinahe als klassisch zu bezeichnenden Bereiche der Mikrosystemtechnik wie die Automobilbranche. Kleine und mittlere Unternehmen (KMUs) reagieren in diesen Bereichen flexibel auf die Anforderungen der großen Systemhäuser, für die sie in der Regel als Zulieferer agieren. Über die kleinen Unternehmen wandern technologische Innovationen dann in die großen Unternehmen.

Trotz dieser Flexibilität und der zunehmenden Ausrüstung der Autos mit mikrosystemtechnischen Produkten steht diese Entwicklung erst am Anfang. Noch immer ist die Durchdringung der Automobiltechnik mit Mikrosystemen eher als punktuell zu bezeichnen. Vergleichbares gilt für die ganze Maschinenbaubranche. Zwar hat eine Nutzung der Mikrosystemtechnik schon vor einigen Jahren begonnen, wobei der Einstieg für die Unternehmen durch den so genannten Mikrosystemtechnik-Baukasten deutlich erleichtert wurde, von einer Durchdringung der Maschinenbauprodukte oder gar der Produktion auf breiter Basis ist man heute noch weit entfernt. Moderne Entwicklungen, wie z.B. das angestrebte 1-Liter-Auto, werden ohne den massiven Einsatz von Mikrosystemen nicht zu realisieren sein. Für die Zukunft ist daher hier ein deutliches Marktwachstum zu erwarten.

Im eher Mikroelektronik-dominierten Bereich der Telekommunikation kommen technologische Fortschritte in der Regel aus dem Kreis der Komponentenhersteller. Anforderungen an neue Komponenten entstehen durch das zunehmende Verschmelzen von Unterhaltung, Computer und Telekommunikation, wobei der Haupttreiber eindeutig das Internet ist. Eine wesentliche Bedeutung wird in der Zukunft einer erfolgreichen Standardisierung zukommen, die die Grundvoraussetzung für eine Umsetzung neuer Techniken in Massenanwendungen ist.

Im optischen Bereich ist die Situation erheblich komplexer. Während bei optischen Sensoren und bei den Mikro-Optisch-Elektronisch-Mechanischen Systemen (MOEMS) kleine Unternehmen als Technologietreiber dominieren, kommt diese Rolle bei der optischen Datenübertragung und bei der optischen Datenspeicherung Großunternehmen zu, die aber häufig ihr Einstiegsrisiko reduzieren, indem sie neue Entwicklungen bei Start-up-Unternehmen unterstützen.

Der Anteil mikrosystemtechnischer Produkte speziell im Telekommunikationsbereich, aber auch allgemeiner im gesamten Sektor der Informations- und Kommunikationstechniken ist durch die Nähe dieser Branchen zur Mikroelektronik naturgemäß größer, übersteigt aber nach Expertenschätzungen die 20%-Marke noch nicht. Mit der erwarteten Zunahme des Anteils an mobilen Produkten, die nach allgemeiner Auffassung mit zukünftigen Mikrosystemen gleichzusetzen sind, wird auch dieses Marktsegment signifikant wachsen. Massenmärkte mit extrem großen Stückzahlen werden z.B. für den Bereich Handel und Logistik gesehen, da hier ein besonders großer Bedarf nach Möglichkeiten zur elektronischen Kennzeichnung besteht. Ebenfalls diesem Bereich zuzuordnen ist die zukünftige Sicherheits- und Haustechnik, die ohne die Mikrosystemtechnik nicht vorstellbar erscheint.

Als bedeutender Zukunftsmarkt für die Mikrosystemtechnik gilt das Gebiet der Life Sciences. Speziell für den medizinisch-diagnostischen Bereich werden Steigerungsraten in der Größenordnung von 10^6 in der Anzahl der durchzuführenden Analysen erwartet. Mit entsprechenden Steigerungen der Marktvolumina für Diagnosegeräte, Biochips etc. ist zu rechnen, wobei Übereinstimmung darüber besteht, dass eine technische Realisierung der benötigten Produkte nur mit Mitteln der Mikrosystemtechnik möglich sein wird.

Mikrosystemtechnik wird sich in der Zukunft aus dem bisherigen, noch relativ engen Umfeld befreien und in weiten Bereichen der Wirtschaft eingesetzt werden. Sie wird für viele Branchen eine Schlüsseltechnologie und somit zu einem Angelpunkt für die industrielle Entwicklung auch am Standort *Deutschland* werden.

Mikrosystemtechnik bleibt aber das Eldorado des Erfindergeistes und unterstützt mittlere und kleine Firmen, ihren Ideenreichtum in Produkte umzusetzen.

2.4 Technologisches Umfeld

Technologisch stellt der Zeitabschnitt bis 2020 voraussichtlich die Schlussphase in der Entwicklung der Siliziumtechnologie dar. Die konventionelle CMOS-Technologie wird in der Mitte der zweiten Dekade dieses Jahrhunderts mit Strukturgrößen von ca. 10–15 nm ihre Grenzen erreichen und als reife Technologie Standardwerkzeug für vielfältige Aufgaben sein. Belastbare Vorstellungen für ein Nach-Silizium-Zeitalter, d.h. für die Zeit nach ca. 2015, gibt es heute noch nicht. Im Bereich der Grundlagenforschung gibt es aber bereits Vorstellungen für eine molekulare Elektronik, deren technische Umsetzbarkeit heute aber noch nicht abgeschätzt werden kann. Bei Prognosen über den technologischen Fortschritt wird üblicherweise die *ITRS*-Roadmap der IC-Technologie zugrunde gelegt. Auch wenn diese sich nahezu ausschließlich auf die Fortschritte der Höchstintegration bezieht, so beschreibt sie doch wesentliche Teile des Umfeldes der Mikrosystemtechnik und kann daher durchaus auch hier als Wegweiser dienen.

Das sogenannte *Moore'sche Gesetz*, zurückzuführen auf eine Beobachtung der Fortschritte der Halbleitertechnik in den vergangenen 30 Jahren, prognostiziert für das Jahr 2014 den 100 GB-Speicher und für das Jahr 2020 den 1 TB-Speicher (siehe auch Abb. 3). Diese Werte und die daraus abgeleiteten technologischen Anforderungen werden heute im Allgemeinen bei der Entwicklung technologischer Roadmaps zugrunde gelegt. Weiteren Extrapolationen sollte man jedoch skeptisch gegenüberstehen, da bei unveränderter Entwicklungsgeschwindigkeit (d.h. eine Halbierung der Strukturgrößen alle 2–3 Jahre) bereits im Jahr 2040 die feinsten Strukturen auf die Dimensionen eines einzelnen Atoms reduziert sein müssten. Eine Halbleitertechnologie in heutigem Sinne ist jedoch bereits bei etwa 10–15 nm Gatelänge nicht mehr möglich, da dann Tunneleffekte zwischen Source und Drain einsetzen. Hier ergibt sich eine direkte Übereinstimmung mit

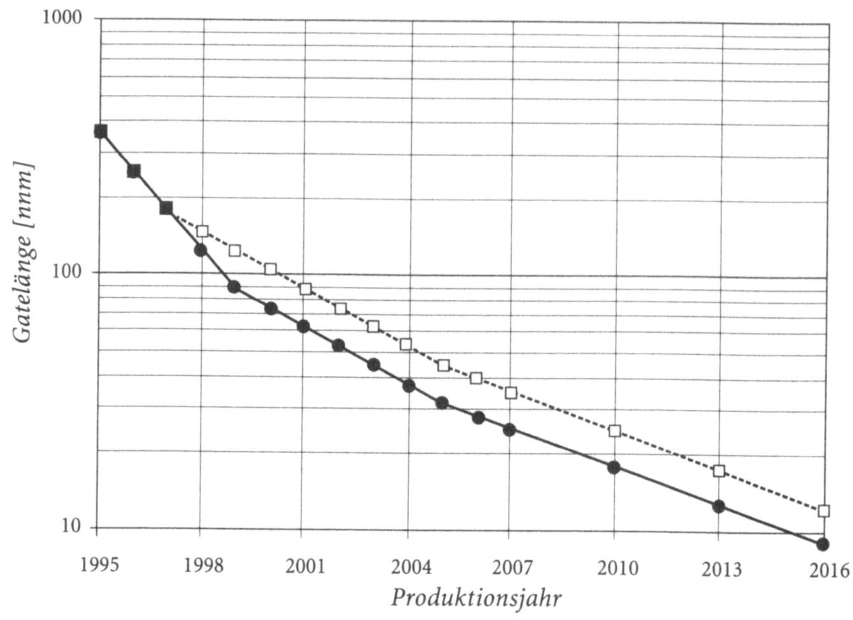

Abb. 3. Entwicklung der Strukturgrößen in der Mikroelektronik bis zum Jahr 2016 nach dem Moore'schen Gesetz
(Quelle: ITRS-Roadmap 2001)

den Aussagen der *Schumpeter*-Grafik über das Ende des 5. Zyklus, der für das Jahr 2020 vorhergesagt wird.

Für die nicht allzu ferne Zukunft ist die sich in letzter Zeit etwas verlangsamende *Moore'sche Kurve* jedoch ein guter Wegweiser für die weitere Forschung und Entwicklung der mikroelektronik-nahen Mikrosystemtechnik. Große, für die kommenden Jahre bedeutsame technologische Themenfelder, die direkt aus ihr abgeleitet werden können, sind:

- die Zukunft der Lithographie,
- die Entwicklung des Wafer-Durchmessers,
- neue Metallisierungsverfahren (Was kommt nach der Cu-Metallisierung?),
- Durchbrechen der Kostenbarriere beim Packaging (weniger als 10 Cents per Package) und
- dreidimensionale Strukturierungstechniken für Silizium.

System- bzw. anwendungsorientierte Fragestellungen, die sich aus der Moore'schen Kurve ergeben, sind:

- neue Speichertechnologien (MRAM?),
- neue Prozessorkonzepte,
- Fragen des Energieverbrauchs / der Energieversorgung sowie
- Weiterentwicklung der Systemintegration (System-on-a-Chip).

Daneben verdeutlicht die *Moore'sche Kurve*, bis zu welchen Zeitpunkt eine Siliziumtechnologie in heutigem Sinne existieren kann und wann alternative Prozesse und Materialien benötigt werden. Diskutiert werden heute neben den III/V-Halbleitermaterialien Polymere ebenso wie biologische Systeme auf der Basis von Knochen oder Chitin oder nanotechnologische Entwicklungen wie Quantenbauelemente oder eine molekulare Elektronik.

Neben diesen stark informationstechnisch ausgerichteten Betrachtungen, die für wesentliche Teile der Mikrosystemtechnik durchaus relevant sind, darf für die Mikrosystemtechnik nicht außer Acht gelassen werden, dass zukünftig verstärkt auch andere Aspekte berücksichtigt werden müssen. Neben der Vielzahl angepasster Sensorik, wie sie für die andiskutierten Themen benötigt wird, muss man sich mit neuen, heute weitgehend unbeachteten Fragestellungen auseinandersetzen. So sind Mikrosysteme mit aktiven Elementen ausschließlich im Mikrometer-Bereich bislang nicht in der Lage, hohe Leistungen zu übertragen, große Ströme zu leiten oder hohe Kräfte aufzubringen. Diese Fragestellungen tauchen beispielsweise im Bereich der Fahrzeugtechnik immer wieder auf.

Eine typische Anwendung aus diesem Bereich ist das in der Flugzeugindustrie bereits praktizierte und im Automobilbereich in der Erprobung befindliche „Fly-by-Wire" bzw. „Drive-by-Wire". Hierbei wird die früher übliche mechanische Kraftübertragung vom Steuerknüppel oder Lenkrad auf die Steuerung durch eine elektrische Signalübertragung ersetzt. Die Stellglieder (z.B. Elektromotoren oder Hydrauliken) müssen dabei beachtliche Kräfte aufwenden, was eine entsprechende Leistungsfähigkeit der ansteuernden Systeme erfordert und da-

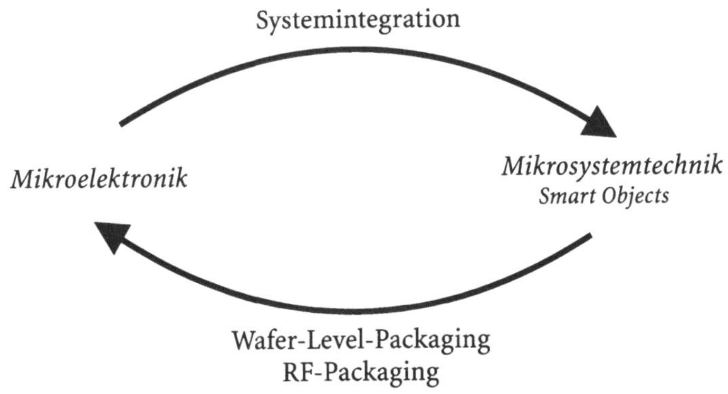

Abb. 4. Systemintegration ist das Bindeglied zwischen Mikroelektronik und Mikrosystemtechnik

mit verbundene neue Fragestellungen im Bereich Mikrosystemtechnik aufwirft.

Den Entwicklungen der Mikrosystemtechnik diametral entgegengesetzt ist die in der Informationstechnik zu beobachtende Tendenz zu immer größeren Chipflächen. Hier wird die Mikrosystemtechnik andere Wege gehen müssen, um den Miniaturisierungsansprüchen an mobile Produkte gerecht werden zu können.

Das Bindeglied zwischen der Mikroelektronik und der heutigen Mikrosystemtechnik ist die Systemintegration. Das verstärkte Vordringen der Mikroelektronik in Mikrosysteme ist die Voraussetzung für die Entwicklung von „Smart Objects". Das Aufgreifen von mikrosystemtechnischen Methoden durch die Mikroelektronik führt dagegen zu neuen Packaging-Formen, wie zum Wafer-Level-Packaging oder auch zu Spezialpackages für Höchstfrequenzbausteine.

2.5 Randbedingungen für innovative Produkte

Informations- und Kommunikationstechnologien, eingeschlossen sind dabei Mikroelektronik, Mikrosystemtechnik und andere Mikrotechnologien, sind heute unbestritten die Treiber der technologischen und wirtschaftlichen Weiterentwicklung. Nichts wird mehr produziert, ohne dass bei Entwicklung, bei der Herstellung oder im späteren Einsatz moderner Produkte Mikrosysteme, Mikroelektronik und Software eine entscheidende Rolle spielen. Ungebrochen ist nach wic vor der Trend zu einer in allen Lebensbereichen rasant zunehmenden globalen Informationsvernetzung. Maßgeblicher Treiber ist dabei der Boom in der Kommunikationstechnik mit der Entwicklung zu immer höheren Übertragungsgeschwindigkeiten. Neben dem Ausbau der drahtlosen *UMTS*-Kommunikationstechnik und ihrer Nachfolger entstehen parallel dazu optische Breitband-Kommunikationsnetze, welche die zentralen Nervenstränge der globalen Vernetzung bilden werden sowie lokale Nahbereichsnetze z.B. auf der Basis von *Bluetooth*. Mit der zunehmenden Konvergenz der Sprach-, Daten und Multimedia-Dienste wird die „mobile Revolution" Realität werden, die das Zeitalter des „Ubiquitous Computing", d.h. der intelligenten, vernetzten Gegenstände einleitet.

Diese technische Entwicklung gestattet den Ausblick auf Produktvisionen, die gekennzeichnet sind durch die Attribute:

- miniaturisiert,
- unsichtbar,
- mobil,
- autark,
- intelligent,
- zuverlässig,
- vernetzt und
- identifizierbar.

Als übergeordneter Begriff für derartige Produkte dient heute in der Regel die Bezeichnung „Smart Objects", mit der die zunehmende Verschmelzung von

Mikrosystemen mit Gegenständen des täglichen Lebens beschrieben wird. Derartige „Smart Objects" sind also kleinste Systeme, die durch

- extreme Miniaturisierung
- den Betrieb in Netzwerken (z.B. Adhoc-Netzwerken) und/oder
- ein human-orientiertes Mensch-Maschine-Interface

gekennzeichnet sind.

Eingeleitet wurde dieser Trend mit der Entwicklung des Transponders, der in seiner passiven Variante anfänglich nur einfache Identifikationsaufgaben übernehmen konnte, heute aber bereits als intelligenter und aktiver Transponder und damit als vollständiges Mikrosystem Datalogger-Aufgaben z.B. in der Überwachung empfindlicher Güter übernimmt. Als Chipkarte dringt er in das tägliche Leben vor und wird in den nächsten Jahren als mobiles, autarkes und „ubiquitäres" Mikrosystem das Bindeglied zwischen der realen Welt und einer im Internet entstehenden virtuellen Repräsentation darstellen. Mit Mikrosystemen ausgestattete Gegenstände werden somit zu „Smart Objects", die kontext-sensitiv, d.h. situations- und ortsabhängig ihre Eigenschaften variieren können.

Nicht mehr die Werkzeuge für die Verarbeitung von Informationen – die Geräte oder der Computer – werden dabei im Blickpunkt stehen, sondern der Mensch mit seinen Bedürfnissen, Wünschen oder Aufgaben. Elektronik wird zunehmend unsichtbar und verschmilzt mit den Gegenständen des Alltags. Spezialisierte und unsichtbare Mobilelektronik entwickelt sich zu einem natürlichen, integralen Bestandteil der menschlichen Umwelt. „Smart Objects" werden als „elektronische Umwelt" bzw. als „Smart Environment" eine Brücke zwischen den Menschen und der global vernetzten, technisierten „Cyber World" des Jahres 2020 schlagen und damit maßgeblich zur Akzeptanz und zum wirtschaftlichen Erfolg innovativer Produkte beitragen.

Für alle derartige Produkte, mit denen der Nutzer direkten Umgang hat, ist daher verstärkt die gesellschaftliche Forderung nach der Human-Orientierung zu beachten. Dies erfordert die

- Personalisierung,
- Identifizierbarkeit,
- Kontrollierbarkeit,
- Zuverlässigkeit sowie die
- Sicherung der Privatsphäre

als Grundvoraussetzung für die breite Akzeptanz von „globaler Vernetzung" und „elektronischer Umwelt".

Durch das Zusammenwachsen von Mobilkommunikation, Internet und E-Commerce zu einem zukünftigen „Mobile Business" auf der einen und zum „Ubiquitous Computing" auf der anderen Seite rücken Systemfragen immer stärker in den Vordergrund, wobei aber nicht nur die softwareorientierten Bereiche der Netzwerktechnologien und Dienstleistungen betroffen sind.

Auch die Hardwareentwicklung wird durch neue Anforderungen geprägt. Hohe Packungsdichten bei geringstem Energieverbrauch, Multi-Prozessor-Systeme, Single-Chip-Systeme, eingebettete Systeme („Embedded Systems"), Signalprozessoren, Hochleistungs-Logik und fortgeschrittene Verdrahtungstechniken werden heute neben der klassischen IC-Technologie als zukunftsweisende Schlüsseltechnologien angesehen.

Die Integrationstechnik wird neue Wege gehen müssen, da der in der Mikroelektronik zu beobachtende Trend zu immer größeren Chips der Forderung nach immer kleineren und unauffälligeren Mikrosystemen für den ubiquitären Einsatz widerspricht. Daneben sind für eine ausreichende Marktakzeptanz aber auch Alternativen für Bedienoberflächen moderner Elektronik erforderlich, welche die Notwendigkeit einer zunehmend stärkeren Wechselwirkung zwischen Hard- und Software zur gemeinsamen Optimierung von übergreifenden Systemfragen deutlich machen.

„Ubiquitous Computing" wird die klassische Trennung von Hard- und Software beenden. Adhoc-Netzwerke lassen schon heute aus kleinen Hardware-Modulen mit Hilfe von Software übergeordnete Einheiten entstehen. In der Vision der „eGrains" – das sind kleinste autarke Sensor- und Recheneinheiten, die mit einer drahtlosen Nahbereichsdatenübertragung ausgestattet sind – wird die Hardware hochgradig miniaturisierte Standardbausteine zur Verfügung stellen, in denen Software die gerade benötigte Funktionalität bestimmt und so eine echte „Location-" bzw. „Situation Awareness" gestattet.

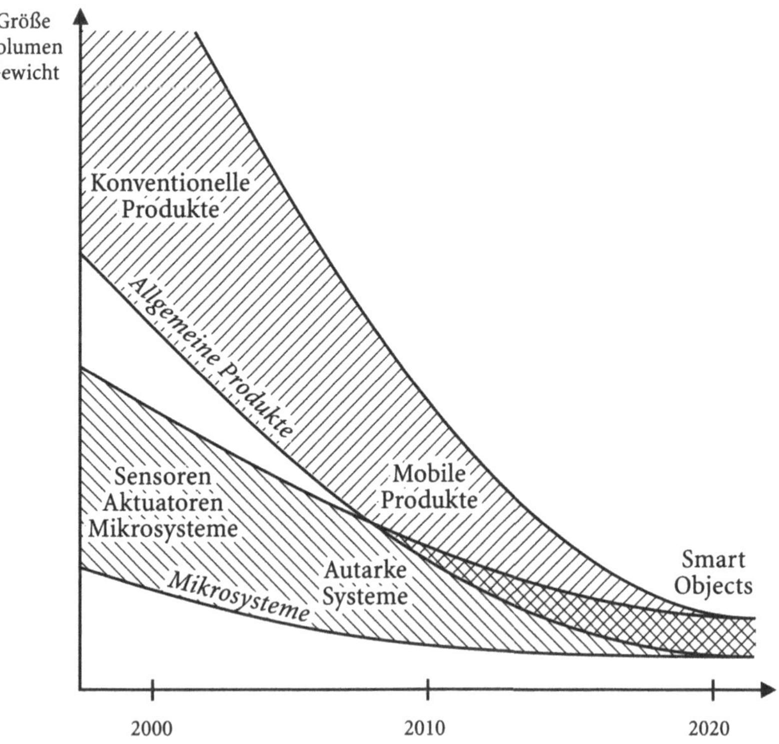

Abb. 5. Vom Mikrosystem zum „Smart Object" – Roadmap für zukünftige Entwicklung von Mikrosystemen und mobilen Produkten

2.6 Forschungsthemen und Perspektiven der Mikrosystemtechnik

Mikrosysteme werden in allen Bereichen unseres täglichen Lebens Anwendung finden. Aus dem heutigen Blickwinkel heraus werden zukünftige Mikrosystemtechnik-Entwicklungen insbesondere durch folgende fünf Anwendungsfelder getrieben:

- Telekommunikation,
- Haustechnik,
- Handel und Logistik,
- Automobiltechnik und
- Life Sciences.

Für diese Marktsegmente wird die wirtschaftlich relevante Weiterentwicklung und Produktion am Standort *Deutschland* nur durch massiven Einsatz von mikrosystemtechnischen Verfahren und Produkten gesichert werden können. Der intelligente Einsatz der Mikrosystemtechnik in zukünftigen „Smart Environments" wird maßgeblich dafür verantwortlich sein, ob neue Produkte und neue Dienste die für eine wirtschaftlich erfolgreiche Umsetzung notwendige Akzeptanz in breiten Bevölkerungsschichten erreichen. Auf diesen Überlegungen aufsetzend, lassen sich für die genannten Bereiche Entwicklungstendenzen in die Zukunft skizzieren, aus denen Leitthemen für die Fortentwicklung der Mikrosystemtechnik abgeleitet werden können.

2.6.1 Telekommunikation / Mobile Systeme

Die Entwicklung der Mobilkommunikation setzt derzeit die Maßstäbe in der Telekommunikation. Die Übertragungsraten in diesem Bereich steigen stetig an und gleichen sich an die heute im Festnetz verfügbaren Raten an (siehe auch Abb. 6); die dadurch möglichen Anwendungen werden vielseitiger und multimedialer. Zur Zeit wird die Funktionalität der zweiten Generation der Mobilfunknetze zur 2.5 Generation erweitert. Diese hat eine prognostizierte Lebensdauer bis etwa 2015. Die dritte Generation (UMTS) befindet sich in der Vorbereitungsphase und wird voraussichtlich im Zeitraum von 2003 bis ca. 2010 flächendeckend eingeführt. Die zugehörigen technischen Visionen beschäftigen sich mit Multistandard-Endgeräten, der Integration der Mobilfunksysteme in eine intelligente Umgebung und, unter Berücksichtigung des Design- und Mode-Aspekts, mit neuen Gestaltungsmöglichkeiten für Endgeräte (z.B. „digital jewelry").
Der Bereich der Telekommunikation ist somit zunehmend durch Hochgeschwindigkeitsnetze auf der einen und durch intelligente, mobile Produkte auf der andere Seite gekennzeichnet. Im Bereich der Hochgeschwindigkeitsnetze entsteht durch den vermehrten Einsatz von optischen Übertragungsstrecken ein wachsender Bedarf an photonischen Mikrosystemen für das optische Handling der Tb/s-Datenströme. Drahtlose Netze, die die Verbindung zwischen den photonischen Backbones und den mobilen Endgeräten mit erwarteten Geschwin-

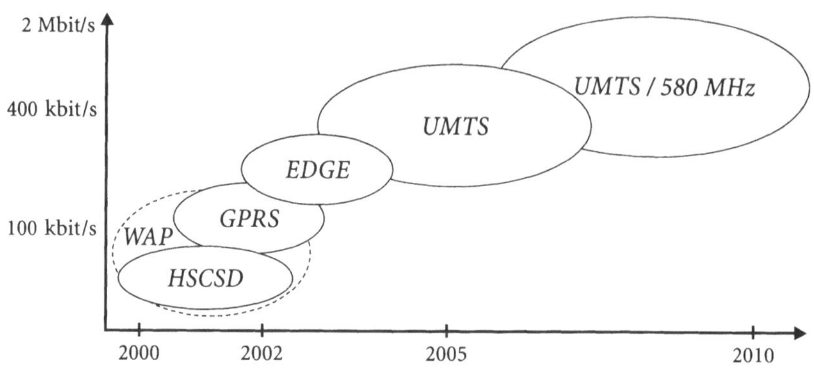

WAP:	Wireless Access Protokoll (Internetzugang)
HSCSD:	High-speed Circuit Switched Data (14,4-57,6 kbit/s pro User)
GPRS:	General Packet Radio Services (115,2 kbit/s pro Zelle)
EDGE:	Enhanced Data Rates for GSM Evolution
UMTS:	Universal Mobile Telecommunication System

Abb. 6. Vom WAP-Handy zum Universal Mobile Telecommunication System (UMTS) (Quelle: Dataquest / Gartner Group)

digkeiten von 100 Mb/s darstellen, benötigen intelligente Antennen, die ihrerseits nur durch mikrosystemtechnische Verfahren realisiert werden können.

Daneben entstehen neue Ebenen der drahtlosen Vernetzung, die sich überwiegend im Nahbereich abspielen. Spontane Netzwerkbildung von drahtlos kommunizierenden Mikrosystemen (Adhoc-Netzwerke), wie sie mit der Entwicklung des Bluetooth-Standards begonnen hat, ist die Grundlage des „ubiquitären Computings", das voraussetzt, dass die „denkenden Gegenstände" des Alltags ohne Eingreifen des Nutzers miteinander kommunizieren können. Diese Fähigkeit ist gleichzeitig eine entscheidende Voraussetzung für die Schaffung der prognostizierten human-orientierten, elektronischen Umwelt.

Die mobilen Endgeräte werden zunehmend intelligenter und werden über eine wachsende Funktionalität verfügen. Dies stellt zunehmende Anforderungen an die Technologie. Diese konzentrieren sich auf Rechenleistung und Energiebedarf von digitalen Signalprozessoren (DSPs) sowie auf leistungsfähige AD/DA-Konverter. Unter System- und Entwurfsgesichtspunkten wird die höchste Bedeutung dem „Reconfigurable Radio" zugewiesen, dessen Realisierung die Grundlage für einen breiten Einsatz von universeller, standardisierter Hardware darstellt. Daneben sind neue Ansätze der Softwareentwicklung für verteilte Systeme nötig.

Entwicklungsbedarf besteht aber auch für die Integration einer geeigneten Sensorik, die die Voraussetzung für eine Realisierung der angestrebten „Situation and Location Awareness" ist. Gleichzeitig wächst unter produktionstechnischen Aspekten die Forderung nach einer Wafer-Level Aufbautechnik, sowie die Forderung nach Mikrosystemen für die HF-Technik.

Auf optischem Gebiet erwartet man eine wachsende Bedeutung der photonischen Netze, die auch in den Bereich der „Last Mile" vordringen werden. Für diese Technologien besteht ein verstärkter Bedarf an optischen Schaltern, die entweder als *MOEMS* (Mikro-Optisch-Elektronisch-Mechanische Systeme) oder in integrierter Optik auf der Basis von Lithium-Niobat realisiert werden. Mikrosystemtechnische Aufgaben für die Telekommunikation sind:

- *RF*-Schalter,
- Smart Antennas,
- Höchstfrequenz *AVT*,
- optische Komponenten,
- optische Koppel- und Schaltelemente,
- optische Baukästen,
- optische *AVT* (mikrosystemtechnische optische Bänke),
- Multisensorchips für die Realisierung der Situation- and Location Awareness und
- Mikrosystemtechnik-Elemente für die Mensch-Maschine-Schnittstelle.

Ohne die Nutzung derartiger Mikrosystemtechnik-Verfahren und -Komponenten wird die weitere Entwicklung von leistungsfähigen und wirtschaftlich interessanten mobilen Produkten am Standort *Deutschland* nicht möglich sein.

2.6.2 Haustechnik / Smart House

Das sogenannte „Smart House" gehört zu den gegenwärtig großen Innovationsthemen. In einem intelligenten Haus der Zukunft werden nahezu alle Geräte und Systeme im privaten Wohngebäude lokal vernetzt und durch eine umfangreiche Sensorik in den Räumen ergänzt. Das ermöglicht eine Kommunikation zwischen den bisher unabhängigen Geräten und Systemen, aber auch mit externen Netzwerken und Kommunikationseinrichtungen. Dadurch lässt sich auf der einen Seite eine effektive Ressourcenschonung erreichen, gleichzeitig können aber auch die individuellen Bedürfnisse der Bewohner optimal berücksichtigt werden. Anwendungsschwerpunkte werden daher das Energie- und Ressourcen-Management, die Komforterhöhung und Sicherheitsaspekte sein.

In den *USA* liegt die Schwerpunkte eher im Bereich der komfort- und sicherheitsbezogenen Applikationen. Diese reichen von der Gruppierung von Beleuchtungseinheiten über die Verteilung von Audio- und Videosignalen bis zur Einbruchsicherheit.

Japanische Anwendungen bevorzugen dagegen Entertainment- und Gesundheitsanwendungen wie z.B. eine intelligente Toilette, die es ermöglicht, vor Ort eine Analyse des Gesundheitszustandes einer Person vorzunehmen und die entsprechenden Daten an deren Hausarzt weiterleiten zu lassen.

In Europa dominieren Anwendungen, die sich auf Ökologie und Ökonomie ausrichten. Diese reichen vom intelligenten Lastmanagement bis zur ausgefeil-

ten Einzelraum-Temperatursteuerung. Bedingt durch die demografische Verän-
derung sind verstärkt Anwendungen auszumachen, die das Leben älterer Menschen in den gewohnten Lebensumwelten ermöglichen. Vor allem in den skan-
dinavischen Ländern sind erhebliche Anstrengungen unternommen worden,
intelligente Haustechnologie für den Einsatz in Wohnungen von alten Menschen
zu nutzen.

Der Anwendungsbereich von Mikrosystemen im intelligenten Haus umfasst
eine Reihe von Teilsystemen mit unterschiedlicher Gewichtung wie z.B.:

- Betriebs- und Kontrollfunktionen (u.a. in Sanitär, Heizung, Lüftung/Klima,
  Elektrik, Licht mit integrierter Verbrauchskostenoptimierung),
- Sicherheit und Überwachung in Form von Haus und Einzelraumüberwa-
  chung (u.a. Kinderzimmer und Urlaubswachschutzservice),
- Gesundheit/Pflege (medizinische Diagnostik und Vorsorge, intelligentes WC,
  Kranken-/Alten-/Behindertenbetreuung, Notrufsystem),
- Hausgerätesteuerung (inkl. Hausgerätemonitoring, Hausgeräte- und PKW-
  Diagnostik, Hausgerätefernbedienung, Serviceroboter),
- Heimlogistik (Einkaufs- und Speiseplanung),
- Kommunikation (inkl. TV, Video, Audio, PC, Teledienste) sowie
- Entertainment und Hobby (Internet-Game, TV, Garten, Heimtierkontrolle
  und Versorgung, Aquarien/Terrarien).

Besonderer Wert ist auf einfache Bedientechniken, d.h. auf die Schnittstelle
Mensch-Technik, und die Akzeptanz von Design und Funktion der einzelnen
Komponenten zu legen. Darüber hinaus wird die Integration einer Vielzahl von
Serviceleistungen (u.a. Störungsmeldung, Fernwartung, Fernablesen von Strom,
Gas, Wasser, aber auch die Fernsteuerung der Haustechnik von unterwegs) er-
wartet. Ergänzt wird die klassische Haustechnik durch den zunehmenden
Kommunikationsbedarf von Bewohnern und Geräten, sowie durch das wach-
sende Infotainment-Angebot.

Die dafür erforderlichen intelligenten, flexiblen und vernetzten Mikrosysteme
dienen jedoch nicht nur dazu, das individuelle Wohlbefinden zu verbessern und
Arbeitserleichterungen zu ermöglichen, um damit die Lebensqualität zu erhöhen, sie besitzen durch die Vielzahl der Anwendungen auch ein entscheidendes
wirtschaftliches Potenzial.

Alle technischen Möglichkeiten auf diesem Gebiet werden überschattet von
der Akzeptanz durch den Anwender. Die Akzeptanz und der Schutz der Privatsphäre und nicht zuletzt die Verfügbarkeit von zuverlässigen Low-Cost Technologien werden letztlich bestimmen, welche mikrosystemtechnischen Lösungen
erfolgreich in marktfähige Produkte umgesetzt werden können.

Neben den schon im Zusammenhang mit der Telekommunikation erwähnten
Aufgaben an die Mikrosystemtechnik erfordert das „Smart House" speziell eine
umfangreiche und angepasste Sensorik zur Überwachung der Haustechnik und
zur Identifikation der Bewohner. Weiterhin werden alle Haushaltsgeräte und
Räume mit geeigneten, z.T. drahtlosen Kommunikationsschnittstellen ausgerüstet sein müssen, um auch hier wieder eine entsprechende Situations- und Benut-
zer-angepasste Konfiguration der Technik zu ermöglichen.

2.6.3 Handel und Logistik

Massenanwendungen für mikrosystemtechnische Produkte werden vor allem im Bereich Handel und Logistik erwartet. Elektronische Kennzeichnung, Produkterkennung und -überwachung sowie automatisierte Lagerhaltung werden, entsprechende Standards vorausgesetzt, Logistikkosten minimieren und durch hohe Stückzahlen schon kurzfristig eine wirtschaftlich interessante Produktion von transponderbasierten Mikrosystemen und den entsprechenden Auswertesystemen ermöglichen.

Technologischer Entwicklungsbedarf wird vor allem bei Ultra-Low-Cost-Technologien für Sensoren und Transponder, aber auch für Anzeigen gesehen. Anwendungen wie standardisierte Multi-Sensor-Chips, intelligente passive und aktive Transpondersysteme, intelligente Regalsysteme, elektronische Kassen, aber auch Datalogger zur Überwachung empfindlicher oder wertvoller Güter bestimmen die Anforderungen an Technologie, Komponenten und ganze Systeme.

Auf Systemseite sind insbesondere in der Transpondertechnik noch Fragestellungen des bidirektionalen Datenaustausches, der Energieversorgung, sowie der Optimierung der Ausleseverfahren im Hinblick auf Reichweite, gleichzeitig erkennbare Anzahl und Richtungsunabhängigkeit zu bearbeiten. Höchstintegration auf Systemebene, z.B. die Integration von Energieversorgung, Elektronik, Sensorik und drahtloser Kommunikation auf kleinstem Raum führt zu echten Mikrosystemen mit Volumina im Kubikmillimeterbereich („eGrains", „Smart Dust"), die es ermöglichen, Mikrosysteme überall hineinzuintegrieren. Dies ist gleichzeitig die Grundvoraussetzung für die Realisierung der ubiquitären Mikrosysteme und damit der Vision der „Smart Objects".

Die heute schon erkennbare Entwicklung im Bereich der Logistik von höherwertigen Gütern verlangt nach einer wachsenden Palette MST-basierter Produkte in großen Stückzahlen.

2.6.4 Automobiltechnik

Die Entwicklungen im Bereich der Automobiltechnik werden geprägt sein durch das Bedürfnis nach mehr Sicherheit und Komfort (z.B. Fahrassistenz), aber auch durch eine weitere Verbesserung der Antriebstechnik mit dem Ziel des 1-Liter-Autos bzw. der Ablösung des Verbrennungsantriebs durch einen Hybrid- oder reinen Elektroantrieb. Dazu kommt auch hier der überall erwartete Vormarsch von Infotainment und Kommunikationsmöglichkeiten. Für den Bereich des Automobilbaus stehen daher folgende Aspekte auf der Prioritätenliste der Automobilindustrie für die kommenden Jahre:

- Optimierung der Sicherheit,
- Erhöhung des Komforts,
- Verbesserung des Antriebs,
- Umweltfragen,
- Infotainment / Fun und
- Kommunikation im Auto.

Entwicklungen rund um die Antriebstechnik, bei denen Mikrosysteme eine immer stärkere Rolle spielen, zielen auf das 1-Liter-Auto, dessen Realisierung für ca. 2005–2007 erwartet wird. Hier wird eine Fülle von spezieller Sensorik, aber auch Leistungs-Aktuatorik benötigt. Im Bereich der Motorsteuerung soll der Vergaser durch ein Mikrosystem gesteuert, möglicherweise auch ersetzt werden. Der Verbrennungsvorgang soll Zylinder-spezifisch direkt gesteuert werden und die Ventilsteuerung soll elektronisch und damit optimal an den Betriebszustand des Motors angepasst erfolgen. Dies sind Aufgabenstellungen, die ohne eine Hochtemperatur-Mikrosystemtechnik nicht durchführbar sind.

Daneben werden Überlegungen zur neuen Prinzipien der Kraftübertragung angestellt. Für 2003 werden erste Hybridantriebe erwartet, die auf der Basis des neuen 42 V-Bordspannungsnetzes arbeiten. Ab 2008 erwartet man Hybridantriebe mit Betriebsspannungen oberhalb von 200 V. Mit einem breiten Einsatz von Brennstoffzellen rechnet man ab 2015, wobei schon heute nach Alternativen zur jetzigen Batterietechnik gesucht wird.

MST-basierter Entwicklungsbedarf wird daher speziell in der automobilorientierten Sensorik und Leistungs-Aktuatorik gesehen, wobei Hochtemperaturanwendungen eine besondere Bedeutung zukommt. Auch im Bereich der Brennstoffzellentechnologien und der Batterietechnik wird die Mikrosystemtechnik wesentliche Beiträge liefern können.

Wegen des weiteren Vordringens von Informations- und Kommunikationstechniken in das Automobil wird der Kommunikation zum und innerhalb des Autos zukünftig eine große Bedeutung zukommen. Neben einer informationstechnischen Anbindung an äußere drahtlose Netzwerke wird es auch zur Einführung von Automobil-internen Kommunikationssystemen auf der Basis von Bussystemen führen, über die intelligente Subsysteme miteinander kommunizieren. Sie sollen die vergleichsweise fehleranfälligen und sehr schweren Kabelbäume ersetzen. Die Einführung von Bussystemen (Powerline) im Auto soll bereits im Jahr 2003 beginnen. Andere drahtlose und optische Übertragungsmethoden werden diskutiert. Der Einsatz von Bussystemen erfordert aber eine Umstellung der elektrischen Automobilkomponenten auf eine sog. „Vor-Ort-Elektronik" (Smart Devices).

Die Kommunikation zum Auto, für die sich die konventionelle Mobilfunktechnik wegen des sich schnell ändernden Standorts nur bedingt eignet, wird neben den normalen Infotainment-Inhalten eine Schlüsselrolle im Hinblick auf eine optimierte Verkehrsführung erhalten und auch die Basis für die schon heute an vielen Stellen diskutierte automatisierte Erhebung von Straßenbenutzungsgebühren darstellen.

Mikrosystemtechnik wird auch in Zukunft eine „enabling Technology" für den Automobilbau bleiben, aber nicht zum Technologietreiber werden. Bei Entwicklungsüberlegungen steht stets das Gesamtsystem im Vordergrund, Mikrosystemtechnik ist jedoch ein willkommenes Werkzeug, um Visionen elegant und zuverlässig realisieren zu können.

2.6.5 Life Sciences

Der Bereich der Life Sciences, dem ein eigenes Kapitel vorbehalten ist, ist ohne Mikrosystemtechnik nicht vorstellbar. Zentrale Themen in diesem Bereich sind die Einzelzell-Charakterisierung mit ihrem Bedarf nach geeigneten Mikromanipulatoren und angepasster Sensorik, die präventive, möglichst nicht invasive Diagnostik bzw. ein ubiquitäres Online-Gesundheitsmonitoring, Nervenersatz und Neuroimplantate, sowie die Mikroreaktionstechnik zur Herstellung personalisierter Medikamente. Diese Themen werden zusammengefasst unter dem Begriff „Symbiontische Mikrosysteme".

Für das Jahr 2003 werden erste Mikrosysteme erwartet, die auf der Basis von Einzelzell-Charakterisierungen eine präventive Diagnostik erlauben. Im Jahr 2005 werden die immunologischen Probleme der Implantationstechnik soweit gelöst sein, dass der zeitweise Ersatz von Nerven durch elektrische Leiter oder aber auch das Retina-Implantat möglich wird. Um körpereigene Regelkreise ersetzen zu können sind noch immer grundlegende Forschungsaufgaben zu lösen, so dass künstliche Organe wie eine mikrosystemtechnische Bauchspeicheldrüse erst gegen 2010 tatsächlich mit ausreichender Lebensdauer einsatzfähig sein werden.

Auf einer ähnlichen Zeitskala sieht man die Möglichkeiten der Produktion von körpereigenen Substanzen in individuellen Bioreaktoren, die bis zum Jahr 2020 auch implantierbar werden sollen. Hierbei wird die Mikrosystemtechnik als Schlüsseltechnologie gesehen, da nur sie die benötigten Funktionalitäten bei ausreichend niedrigen Kosten bereit stellen kann. Gleichzeitig werden neben sehr langen Lebensdauern auch extreme Zuverlässigkeits- und Sicherheitsanforderungen gestellt.

Technologische Anforderungen ergeben sich hier aus der notwendigen Mikrostrukturierung, der erforderlichen Biokompatibilität, sowie aus der in vielen Fällen unabdingbaren Autarkie der einzusetzenden Mikrosysteme. Low-Cost Technologien für den Masseneinsatz und die Beherrschung der Fluidik in kleinsten Dimensionen stellen weiter Entwicklungsschwerpunkte dar.

2.7 Mikrosysteme gestalten die Zukunft – Vorschläge für Leitthemen

Für die weitere Entwicklung von Mikrosystemtechnik und anderen Mikrotechnologien rückt die Stellung des Menschen in seiner elektronischen Umwelt immer stärker in den Mittelpunkt. Weder die Technologie noch ihre Entwicklung dürfen länger allein im Fokus stehen. Vielmehr muss der Mensch mit seinen persönlichen Bedürfnissen zukünftig wieder in die ihm zustehende zentrale Rolle rücken. Während Computernetze und Telekommunikationssysteme unsere Welt in einem spinnennetzartigen Geflecht von Kommunikationswegen immer kleiner werden lassen, steht der Mensch vielen technischen Entwicklungen immer hilfloser gegenüber. Der Mikrosystemtechnik wird daher zukünftig die Aufgabe zukommen, eine Brücke zwischen dem Menschen und der überwiegend drahtlos gekoppelten Cyber-Welt um ihn herum in einer solchen Art und Weise herzustellen, dass der Umgang mit moderner Hochtechnologie leicht möglich wird. Die Nutzung aller Sinnesorgane für eine intuitive Kommunikation mit zukünftigen technischen Systemen erfordert dafür den Einsatz der vollen Bandbreite der mikrosystemtechnischen Möglichkeiten. Von einer erfolgreichen Gestaltung solcher Interfaces wird die Akzeptanz und damit auch der wirtschaftliche Erfolg neuer Entwicklungen in entscheidendem Maße abhängen. Eine klare Leitlinie für die Zukunft der Mikrosystemtechnik ist daher die Forderung nach dem „Computing without Computers" bzw. dem „invisible Computer".

Auch wenn die technologische Weiterentwicklung der Mikrosystemtechnik für absehbare Zeit schwerpunktmäßig weiterhin auf Silizium-Basis gesehen wird, werden sich nicht alle diskutierten Anwendungen allein in Silizium realisieren lassen. Für die Bereiche High Frequency / High Power / High Efficiency werden auch andere Halbleitermaterialien eingesetzt werden müssen. Die Entwicklungen gehen dabei von *GaAs*, das in Kürze auch auf 200 mm-Wafern verfügbar sein wird, hin zu *InP* und *GaN*. Im optischen Bereich wird von einem weiteren Vordringen der Polymere ausgegangen. Für Hochtemperatur-Anwendungen kann *SiC* zur Materialbasis der Zukunft werden. Im Low-Cost Bereich rechnet man damit, dass Polymere und Papier-artige Materialien eine wachsende Bedeutung erlangen. Im Bereich der Life Sciences wird die geforderte Biokompatibilität auch den Einsatz natürlicher Materialien wie Knochen, Chitin etc. erfordern. Neue Fertigungsverfahren wie Rolle-zu-Rolle (*r2r*) werden erwartet, ohne dass es dafür bereits konkrete Roadmaps gibt.

Für den Zeitraum um 2015 wird davon ausgegangen, dass auch in der Mikrosystemtechnik viele Strukturen und Schichtdicken den Nanometer-Maßstab erreicht haben werden. Die so entstehende Nanosystemtechnik (NST) wird jedoch zunächst noch keine grundlegend neue Entwicklung sein, sondern durch evolutionäre Weiterentwicklung in den Bereich kleinerer Strukturen und höherer Geschwindigkeiten vorstoßen. Grundlegende Änderungen werden solange nicht erwartet, bis neue Techniken wie Quantendevices oder eine molekulare Elektronik zur Einsatzreife entwickelt sind. Revolutionäre Entwicklungen erwartet man aber relativ kurzfristig in der Fertigungstechnik. Spätestens mit dem endgültigen Durchbruch von Nanotechnologien und Nanostrukturen in die industrielle Fertigung wird sich ein Paradigmenwechsel in der Fertigung vollziehen müssen. Die heute dominierenden subtraktiven Techniken werden durch selbst-assemblierende Fertigungsverfahren abgelöst.

Der Weg in diese Zukunft wird durch die weiter oben dargestellten Anwendungsfelder bestimmt, die ihrerseits eine Reihe von z.T. durchaus überlappenden Aufgabenfeldern für die Mikrosystemtechnik definieren. Diese Aufgabenfelder sind in den folgenden Abschnitten unter den Oberbegriffen

- human-orientierte Mikrosysteme,
- mechatronische Mikrosysteme,
- ubiquitäre Mikrosysteme,
- symbiontische Mikrosysteme und
- photonische Mikrosysteme

zu Vorschlägen für Leitthemen zusammengefasst worden.

2.7.1 Human-orientierte Mikrosysteme (Mensch-Maschine-Interface)

Die Schnittstelle zwischen dem Menschen und der rasch wachsenden „Cyber World" muss in der Zukunft weitgehend unsichtbar werden, um Akzeptanzprobleme in einer hochgradig computerisierten Welt zu vermeiden. Während sich Überlegungen zur Mensch-Maschine-Schnittstelle heute noch auf mehr oder weniger intelligent programmierte grafische Benutzeroberflächen beim Computer oder auf die psychologische Analyse unterschiedlicher Anordnungen von Bedienelementen bei Geräten oder Autos beziehen, müssen für die Zukunft neue Wege beschritten werden. Intelligente Endgeräte müssen sich auf die Belange des Nutzers einstellen können. Ihre Bedienung muss intuitiv möglich sein, es sollten alle Sinnesorgane in den Umgang mit technischen Systemen eingeschlossen werden. Menschliche Sinnesorgane müssen durch technische Systeme erweitert werden. Zukünftige Systeme benötigen daher „Augen" und „Ohren", damit sie selbst erkennen können, wer sie bedient, wo sich genau Benutzer und Gerät befinden (Situation, Ort, aber auch Position relativ zum Gerät) und in welchem Zusammenhang der Benutzer handelt („Situation- and Location-Awareness"). Zusätzliche Sensorik wird den Funktionsumfang erweitern. Eine „elektronische Nase" z.B. kann den Benutzer aufgrund ihrer höheren Empfindlichkeit frühzeitig vor Schadstoffen warnen.

Die Erkennung und korrekte Interpretation von Bildern, Gesten und Sprache und, je nach Anwendungsfall, unter Einbeziehung weiterer physikalischer und/oder chemischer Sensorik und der Berücksichtigung von Navigationsdaten aus einem *GPS*-System oder lokalen Funknetzwerken wird die heute übliche Dateneingabe über eine Tastatur weitgehend verdrängen. Für das Jahr 2004 wird erwartet, dass die Grundlagen dafür entwickelt sind, um Personen vor einer Videokamera durch Bildanalyse zuverlässig und schnell identifizieren zu können, im Jahr 2010 soll es möglich sein, im Alltagsbetrieb derartige Identifizierungen durchführen, Sprecher innerhalb einer Gruppe erkennen sowie verschiedene Objekte differenzieren zu können.

Ein herausragendes Beispiel für das heute beginnende Umdenken bei der Gestaltung der Mensch-Maschine-Schnittstelle ist das vom *MIT* durchgeführte Projekt der „Ambient Interfaces", bei dem im *Museum of Modern Art* in *New York* ein vollständig computerisierter Raum so ausgestaltet wurde, dass die Besucher die im Hintergrund arbeitende Computertechnik nicht mehr wahrnehmen: In andere Oberflächen eingebettete Bildschirme, intelligente, d.h. mit Sensoren ausgestattete Oberflächen und die Verwendung von „Smart Objects" wurden geschickt genutzt, um die verschiedenen Präsentationen zu steuern. Dieses Projekt zeigt die geforderte, neue Richtung für die zukünftige human-orientierte Ausgestaltung von Benutzerschnittstellen auf, die sich ohne mikrosystemtechnische Hilfsmittel nicht realisieren lassen wird.

Die Realisierung derartiger Schnittstellen erfordert die Entwicklung von intelligenten Mikrofonen, Kamerasystemen und zusätzlicher Sensorik und ihre Integration zu kleinen und billigen Sensorsystemen. Neue Auswertealgorithmen und Datenfilter und ihre Realisierung in spezialisierter Hardware sowie spezielle Identifikations- und Navigationssysteme werden ebenfalls benötigt. Daneben ist die Fähigkeit zur drahtlosen Nahbereichskommunikation und zur spontanen Netzwerkbildung erforderlich.

Die heute schon verwendeten visuellen und akustischen Ausgabekanäle werden neu gestaltet werden müssen, da ein klassisches Display für den mobilen Einsatz zu groß und zu empfindlich ist und die Verwendung von Ohrhörern die normale akustische Kommunikation mit der Umwelt beeinträchtigt. Datenbrille und akustische Ohrringe haben das Potenzial, heutige technische Lösungen zu ersetzen. Eine chemische (Geruch) und eine haptische Komponente („taktile Displays") können die klassischen Kommunikationskanäle entlasten.

Technologisch bedeutet dies die Realisierung von Multisensorchips mit integrierten Signalprozessoren zum Erkennen von Bildern und Sprache, ergänzt um andere physikalische (z.B. Kraft) oder chemische (z.B. Geruch) Sensorik. Daneben wird nach heutiger Auffassung die visuelle Ausgabe über eine Datenbrille dominieren. Als akzeptierbar für den Alltag werden allgemein nur Systeme angesehen, die ein Bild direkt auf die Netzhaut projizieren, da alle anderen Systeme zu mehr oder weniger großen Beeinträchtigungen des Gesichtsfeldes führen oder für den mobilen Einsatz nur eingeschränkt geeignet sind. Taktile Displays auf der Basis von mikrosystemtechnischen Aktuatoren sind ein neues Arbeitsfeld und können in Teilbereichen die heute im Einsatz befindlichen Datenhandschuhe ersetzen. Neuroimplantate werden für konventionelle Anwendungen auf absehbare Zeit sicher visionär bleiben und sich mittelfristig nur im medizinischen Bereich (Prothetik) durchsetzen können.

Wenn auch in Ansätzen schon realisiert, stellt die Datenbrille als ein Schnittstellenmedium für human orientierte Mikrosysteme noch immer eine anspruchsvolle Herausforderung dar und kann daher als Leitvision für eine ganze Reihe von grundlegenden Projekten dienen. Lange Betriebsdauer, geringes Gewicht, höchste Miniaturisierung und Zuverlässigkeit und die Fähigkeit zur Breitbandkommunikation sind Anforderungen an ein derartiges Produkt. Neben der Entwicklung geeigneter (Laser-) Displaytechnologien sind Entwicklungsaufgaben für das optische System, die Energieversorgung, die benötigte Aufbautechnik, sowie für die integrierte Kommunikationsschnittstelle (*UMTS, WLAN, BAN*) zu bearbeiten. Darüber hinaus stellt eine Datenbrille ein typisches Beispiel dafür dar, dass bei der Entwicklung moderner Mobilelektronik Designaspekte inzwischen eine maßgebliche Rolle spielen.

Aus diesen Überlegungen lassen sich folgende Technologien als bedeutsam für human-orientierte Mikrosysteme ableiten:

- Höchstintegration,
- Sensorik zum Hören/Sehen/Riechen/Tasten,
- dreidimensionale Displays und
- taktile Displays.

2.7.2 Mechatronische Mikrosysteme (Busgekoppelte Systeme für das 1-Liter-Auto)

Schon seit einigen Jahren lässt sich die Tendenz erkennen, dass Sensorik, Mikroelektronik und Aktuatorik zu mechatronischen Systemen zusammenwachsen.

Im Gegensatz zur Mikromechatronik, bei der die verwendete (Mikro-) Aktuatorik problemlos auch von mikroelektronischen Komponenten angesteuert werden kann, ist es in vielen Fällen erforderlich, Leistungsaktuatoren einzusetzen, da die benötigten Kräfte, Drehmomente etc. von Mikrokomponenten allein nicht aufgebracht werden können. Treiber für derartige Entwicklungen ist die Automobilindustrie durch die Forderung nach buskompatiblen Fahrzeug-Subsystemen, aber auch durch die Wünsche nach einer weiteren Optimierung der Abläufe in den Verbrennungsmotoren. Ausgangspunkt dieser Entwicklung war vor einigen Jahren der busfähige Fensterheber-Motor. Heute steht an oberster Priorität die Entwicklung einer elektronischen Ventilsteuerung, die im Zuge der Entwicklung des 1-Liter-Autos bis ca. 2007 durch den elektronischen Vergaser, sowie eine zylinderspezifische Steuerung des Verbrennungsvorganges ergänzt werden soll.

Neben neuen Lösungen für die raue Umgebung z.B. im Motorraum eines Autos sind auch hier wieder Fragestellungen der Kosten, der Zuverlässigkeit und geeigneter Materialien zu klären. Auch gibt es heute noch keine klar definierten firmenübergreifenden Standards für Bussysteme für die Automobil-interne Kommunikation. Für den wirtschaftlichen Erfolg von busfähigen „Smart Devices", d.h. die Einführung von busfähigen Lampen (integrierte Ansteuer- und Überwachungselektronik), intelligenten Zündkerzen (keine Zündspule/Verteiler mehr erforderlich) oder *CMOS*-Kameras als Rückspiegelersatz sind derartige Standards aber unbedingt und rechtzeitig erforderlich.

Eine Weiterentwicklung mechatronischer Mikrosysteme erfordert die Beherrschung folgender Technologien:

- Modularisierung,
- Hochtemperatursensorik,
- Leistungsaktuatorik und
- multifunktionale Polymere.

2.7.3 Ubiquitäre Mikrosysteme (Ultra-Low-Cost-Systeme für die elektronische Kennzeichnung)

Die fortschreitende Entwicklung der Mikrotechnologien und die Verfügbarkeit neuer, extrem billiger Materialien und Technologien wird es zukünftig gestatten, dass fast alle Geräte, Produkte und Waren des täglichen Lebens mit extrem miniaturisierten Sensorik- und Kommunikationsfunktionen ausgestattet sein werden. Dies wird den Umgang mit ihnen revolutionieren. Sie werden zu untereinander vernetzten „denkenden Gegenständen", wie sie in ersten Ansätzen am Massachusetts-Institute of Technology entwickelt wurden. Ein hohes Potenzial in dieser Hinsicht wird z.B. von der Polymerelektronik erwartet.

Heute schon weit verbreitete erste kommerzielle Produkte dieser Art sind transponderbasierte Etiketten („Tags") zu denen in weitestem Sinne auch Chipkarten und die SIM-Karten der Handys zählen. Sie enthalten neben ID-Informationen teilweise auch Prozessoren und Speichermodule und kommunizieren vielfach drahtlos mit der Außenwelt. Sie können mit sensorischen und/oder aktuatorischen Funktionen ausgestattet sein, ihre Umwelt erfassen und wissen, welche anderen Gegenstände in ihrer Nähe sind und was mit ihnen während ihres Transports oder Lagerung geschah. Wichtige Daten wie Einstellungen, Wartungsintervalle, Verfallsdatum, Herkunft, Bestandteile, Aufbewahrungsort, Menge usw. werden automatisch erkannt und stehen nach Wunsch und Bedarf für Entscheidungen des Nutzers in optimaler Weise zur Verfügung.

Ubiquitäre Systeme in dieser Definition werden schon heute in außergewöhnlicher Vielfalt benötigt, ohne dass sie vom Benutzer noch bewusst wahrgenommen werden. Dennoch steht die Entwicklung auf Grund der noch relativ hohen Kosten erst am Anfang. Heute werden nur hochwertige Güter elektronisch gekennzeichnet. Die Entwicklung einer „Ultra-Low Cost-Technologie" für die elektronische Kennzeichnung würde die Kosten für die Ausstattung aller Gegenstände des täglichen Lebens mit einer elektronischen Identität vernachlässigbar gering machen, durch die immensen erreichbaren Stückzahlen aber dennoch wirtschaftlich lukrativ sein.

Technologische Herausforderungen auf diesem Gebiet sind zu sehen in der Entwicklung einer „Smart Label" Technologie auf der Basis von Polymeren und dünnem Silizium, wobei die Entwicklung einer geeigneten polymeren Low Cost-Mikrosystemtechnik und der Aufbautechnik auf metallischen Oberflächen besonderer Anstrengungen bedarf. Neben Lösungen für eine autarke Energieversorgung gilt es, die Leseentfernungen in der drahtlosen Transpondertechnik z.B. durch die Entwicklung neuer Antennenstrukturen („Smart Antennas") zu steigern, Kommunikationsstrategien für Multi-Tag-Anwendungen (Elektronischer Kassierer) zu entwickeln und internationale Standards zu etablieren.

Für das Themengebiet der ubiquitären Mikrosysteme sind somit folgende Technologien von Bedeutung:

- Ultra-low cost-Technologien,
- Polymer-Mikrosystemtechnik,
- druckbare Mikrosystemtechnik und
- neue Produktionstechniken, z.B. reel-to-reel (r2r).

2.7.4 Symbiontische Mikrosysteme

Im Bereich der Life Sciences zeichnen sich drei Arbeitsschwerpunkte ab, die in einem gesonderten Workshop (s. Kapitel 3) im Detail behandelt wurden. Inhaltliche Schwerpunkte werden dort gesehen im Bereich der medizinischen Versorgung, der Lebensmittelqualität und des Umgangs mit lebenden Zellen. Diese Themen erfordern die Weiterentwicklung der Mikroreaktionstechnik sowohl im Hinblick auf die Wirkstoff-Forschung als auch zum Einsatz in implantierbaren, künstlichen Organen, die Entwicklung von Werkzeugen für die minimal-invasive und nicht-invasive Diagnostik (z.B. das Handling von Nanoliter-Blutmengen mit einem „künstlichen Mückenstich"), die Biokompatibilität von Materialien für die Prothetik und Werkzeugen für die minimal-invasive Chirurgie.

Das Handling von lebenden Einzelzellen ist die Grundlage für eine personalisierte Medikamentenentwicklung und für die Ansteuerung von intelligenten

Implantaten und erfordert ausgereifte Verfahren für Manipulation und zur Charakterisierung.

Daneben ist eine angepasste chemische und biologische Low Cost-Sensorik für die Qualitäts- und Frischekontrolle von Nahrungsmitteln gefordert. Die symbionten Mikrosysteme erfordern folgende Technologien:

- „Knochen"- Mikrosystemtechnik,
- Handling-Systeme / Mikromanipulatoren,
- Mikroreaktorik und
- Fluidik.

2.7.5 Photonische Mikrosysteme

Die zunehmende Nutzung optischer Technologien in der Breitbandkommunikation, die bis in den privaten Bereich hinein geplant ist (FTTH = Fiber to the home) erfordert neue Bauelemente, die sich nur auf mikrosystemtechnischer/ mikrooptischer Basis realisieren lassen. Komponenten wie optische Bänke, Spiegel und Ablenksysteme für die Wellenlängen von 1310 und 1550 nm, planare Wellenleiter, Splitter, optische Verstärker, optische Gitter und Filter und das Interface zur Elektronik sind hier zu nennen. Packaging und Materialprobleme müssen gelöst werden. Preisgünstige Verfahren z.B. zur Selbstjustage bei der Faserkopplung und Methoden sind zu erarbeiten.

Auch diesem Themenkomplex ist ein eigener Workshop vorbehalten, in dem diese Fragen detailliert angesprochen werden (siehe Kapitel 4). Technologisch erfordern die photonischen Mikrosysteme folgende Möglichkeiten:

- self assembly,
- optische Sensorik,
- *RF*-Sensorik,
- mikrooptische Bänke und
- mikrooptische Module.

3 Life Sciences

Günter R. Fuhr

3.1 Einführung und Charakterisierung des Themengebietes

Nachdem bislang die Mikrosystemtechnik überwiegend in die klassischen, technikorientierten Branchen Einzug halten konnte, steht der Einsatz der Mikrosystemtechnik in den Life Sciences (LS) noch am Anfang. Die Entwicklung der Erdbevölkerung ist gekennzeichnet durch ein exponentielles Wachstum. Dieser nach dem zweiten Weltkrieg zur raschen Vervielfachung der Weltbevölkerung führende Prozess hält bis heute unvermindert an. Neben der Verarmung der Dritten Welt steigen die Bedürfnisse und damit die Märkte für Hochtechnologieprodukte weltweit an. Kennzeichnend ist ein hohes Informationsbedürfnis in Verbindung mit technischen Weiterentwicklungen, welches zu gigantischen Wachstumspotenzialen für die Marktsegmente der Biotechnologie, des Gesundheitswesens und der Lebensmittel- sowie Umwelttechnologien führen wird. Im Ausland schätzt man den Anstieg der in diesen Bereichen zu untersuchenden Parameter bzw. durchzuführenden Analysen um den Faktor 10^6 für die nächsten zwanzig Jahre ein. Verbunden mit diesen Wachstumszahlen stellt sich die Frage nach der ökonomischen Machbarkeit. Auf der Basis heutiger Geräte und Analysemethoden ist dies in keinem der genannten Felder auch nur ansatzweise möglich. Die Miniaturisierung und damit eine konsequente Weiterentwicklung der Möglichkeiten und Technologien der Mikrosystemtechnik sind daher zwingend und unvermeidlich.

Diese Prognosen verlangen nach einer Abschätzung, ob und wann mit der erhofften breiten industriellen Verwertung mikrosystemtechnischer Komponenten zu rechnen ist, wie lange der Zeitraum bis zur breiten Etablierung von Mikrosystemtechnik-Massenkomponenten zu veranschlagen ist und wo bereits heute Anwendungsfelder für diese Entwicklung identifiziert werden können. Parallel zu den nicht-elektronischen Mikro- und Nanostrukturierungstechniken hat sich die Biotechnologie (weiter gefasst: die Life Sciences) in den letzten 10 Jahren dynamisch und rasant entwickelt und in zahlreichen Industriebranchen an Bedeutung gewonnen. Biotechnologisch hergestellte Enzyme, Substanzen und komplexe, hochspezifische Komponenten werden auf breiter Front in der Lebensmittelindustrie, der Pharmakologie und Medizin eingesetzt. Denkt man an „DNA-Chips", Einzelzell- und Einzelmolekül-Nachweissysteme, so sind bereits jetzt Mikrosystemtechnik-Komponenten fundamental für die Lösung vieler Aufgaben im Grenzgebiet zwischen den genannten Industriefeldern.

Die Entwicklung von neuen Life-Science-Technologien unter Zuhilfenahme von Mikrosystemen begann schwerpunktmäßig erst Mitte der 90er Jahre. Seitdem ist auch hier ein exponentielles Wachstum zu beobachten. Die internationale Analyse ergab, dass die deutsche Forschung im Bereich der Mikrosystemtechnik-Anwendungen für die Life Sciences verglichen mit den vorhandenen technischen und personellen Kapazitäten international unterrepräsentiert erscheint. Bezogen auf die Bevölkerungsdichte rangiert Deutschland nur auf Platz 14, während in der Forschungslandschaft der dritte oder vierte Platz eingeräumt wird. Noch ist die Entwicklung aber nicht so weit fortgeschritten, dass eine Änderung nur unter erschwerten Bedingungen denkbar wäre. Ein rasches und konsequentes Handeln und eine zielgerichtete Forschung werden empfohlen und sollten das Erreichen einer internationalen Spitzenposition noch vergleichsweise einfach ermöglichen. Als Leitthemen werden die in Abschnitt 3.4 näher ausgeführten Themen „Medical Care", „Food Quality" und „Cytomics" vorgeschlagen.

Die wesentlichen Felder der Interaktion zwischen drei Gebieten sind in Abbildung 1 zusammengefasst. Die Grafik macht die Komplexität der Aufgabenstellung deutlich.

3.2 State-of-the-Art in Produktion und Forschung

Die Mikrosystemtechnik ist ein Sammelbegriff für Hochstrukturierungs- und Sondertechnologien zur Realisierung mikroskopischer Verfahren und Vorrichtungen. Beginnend mit 2-dimensionalen Strukturierungen klassisch halbleitertechnologischer Materialien wie Silizium und seiner Oxide, haben sich rasch neue Materialkreise (Glas, Plastik, Polymere etc.) und 3-dimensionale Strukturierungs- und Assemblierungstechniken entwickelt. Von Beginn an ging es nicht um simples „down scaling", sondern um die Nutzung der sich mit zunehmender Miniaturisierung verschiebenden Kräfteverhältnisse und einer daraus resultierenden Steigerung der Leistungsfähigkeit.

Auch die Fragen der Intellectual Property Rights (IPRs) gewannen in den letzten 10 Jahren mehr und mehr an Bedeutung. Nur die Kombination klassischer biologischer, chemischer oder medizintechnischer Methoden mit der Mikrosystemtechnik wird perspektivisch neue Grundlagenpatente ermöglichen. Überdies wird deutlich, dass nur durch den Einsatz der Mikrosystemtechnik Massenprodukte, z.B. von preiswerten Einmal-Analyse- und Diagnostik-Systemen, realisierbar sind.

Charakteristisch für die meisten Anwendungen in den Lebenswissenschaften ist die obligate Verwendung wässriger Medien unter Berücksichtigung der biologischen Wirkung der verwendeten Materialien. Das große Feld der Mikrosystem-basierten Biokompatibilitäts-Untersuchungen hat zu einer Befruchtung der Forschung der medizinischen Implantationstechniken geführt, die aus dem Fachgebiet selbst kaum wahrgenommen oder gar der Mikrosystemtechnik-Förderung angerechnet wird. In ähnlicher Weise verhält es sich mit fluidischen Komponenten, Assemblierungstechniken und neuentwickelten bzw. adaptierenden Detektionsverfahren. Viele Anwender wissen gar nicht, dass sie auf Sekundärergebnisse und Komponenten der Mikrosystemtechnik zurückgreifen. Insgesamt ist die bisherige Mikrosystemtechnik-Förderung daher von weitaus größerer Ausstrahlung gewesen als an ihren direkten Industrieprodukten ablesbar ist.

In grober Klassifizierung lassen sich Mikrosystemtechnik-Komponenten hierarchisch gliedern, wie in Abbildung 2 dargestellt.

Allgemein wird erwartet, dass die Mikrosystemtechnik im Bereich der Life Sciences zu kleineren, schnelleren, preiswerteren und präziseren Komponenten führen wird, welche auch die Messung und Analyse völlig neuer Parameter gestattet. Es kann beispielsweise leicht abgeschätzt werden, dass typische Zeitkonstanten für diffusionsbegrenzte Prozesse sich über konsequente Miniaturisierung von heute über 10 min. auf Zeiten im Bereich von 100 ms reduzieren lassen. Gleichzeitig ermöglichen erst mikrosystemtechnische Komponenten ein sauberes Handling kleinster Objekte, wie zum Beispiel einzelner Zellen.

Technologiefelder	Schlagworte	Anwendungsgebiete
Mikrosystemtechnik & neue Materialien	Keramiken	Mikrosystemtechnik & medizinische Diagnostik
	Polymere	
	Knochenmatrix	
	Knorpel	
	Zellulose	
	Chitin	
	Biochemische Energie	
Mikrosystemtechnik & zelluläre Biotechnologie	Bioelektrische Energie	Mikrosystemtechnik & Chirurgie
	In-vitro Zellkultur	
	2-dimensionale Kulturen	
	3-dimensionale Kulturen	
	zelluläre Kombinatorik	
	Single Cell Handling	
	Cell Engineering	
Mikrosystemtechnik & molekulare Biotechnologie	Tissue Engineering	Mikrosystemtechnik & medizinische Therapie
	Artificial Embryogenesis	
	molekulare Motoren	
	molekulare Aktuatoren	
	Biokompatibilität	
	Gesteuerte Biokompatibilität	
Mikrosystemtechnik & Nanobiotechnologie	Funktionalisierte Oberflächen	Mikrosystemtechnik & Home Care
	Interfaces tot-lebend	
	Interfaces bio-künstl.-bio	
	Neurointerfaces	
	Neurochips	
	Sensorinterfaces	
	Bioinformatik-Interfaces	
Mikrosystemtechnik & Bio-Interfaces	Molekulare Bibliotheken	Mikrosystemtechnik & medizinische Telematik
	Molekulare Trenntechniken	
	Proteomics	
	Nucleonics	
	Makromoleküldesign	
	Bioelektronik	
	Single Macromol. Handling	
Mikrosystemtechnik & Bio-Sensorik	Einzelzellsensorik	Mikrosystemtechnik & Neurowissenschaften
	Künstliche Zelle	
	Molekulare Diagnosechips	
	Zelluläre Diagnosechips	
	On-line Diagnostik	
	Miniaturisierte Biotelemetrie	
Mikrosystemtechnik & neue Energiequellen	Risikopatientenüberwachung	Mikrosystemtechnik & Bionik
	Miniaturisierte Biodatensysteme	
	Mikrochirurgie	
	Künstlicher Muskel	
	Künstliches Insekt	
	Molekulare Bionik	
	Zelluläre Bionik	
Mikrosystemtechnik & Lebensmitteltechnologien	Künstliche Biosysteme	Mikrosystemtechnik & Bioproduktion/Landwirtschaft
	Biosensorsysteme	
	Regenerierbare Materialien	
	Passive Implantate	
	Aktive Implantate	
	Komplexe Umweltsensorik	
	Industrieüberwachung	
Mikrosystemtechnik & Kryo-Biotechnologien	Umweltstatistik	Mikrosystemtechnik & Umweltschutz
	Miniaturisierte Zellbanken	
	Miniaturisierte Gewebebanken	
	Mikro-Kryobiotechnologien	
	Mikro-Labortechnologien	
	Trockenkonservierung	
Mikrosystemtechnik & Bioelektronik	Proben-Datenverknüpfung	Mikrosystemtechnik & Zellbanktechniken
	Selbstevolvierende Systeme	
Mikrosystemtechnik & molekulare Biotechnologie		

Abb. 1. Multidisziplinarität der Kombination Mikrosystemtechnik und Life Sciences

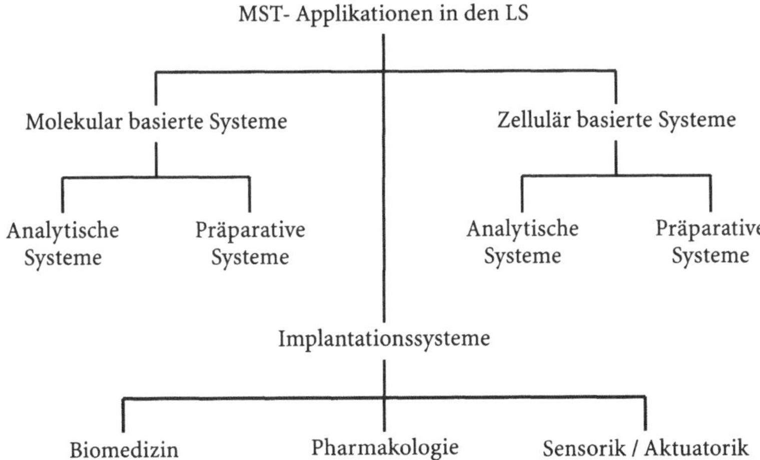

Abb. 2. Klassifizierung von Mikrosystemtechnik-Komponenten für die Life Sciences

Weiterhin bestehen große Hoffungen bezüglich:

- der Implantierbarkeit (bio-kompatible Materialien),
- dem Handling und der Kombination miniaturisierter Geräte und Mikro-Manipulatoren und
- der Einsatzmöglichkeiten völlig neuer Methoden in der Diagnostik und Therapie auf dem Gebiet der Medizin.

Aus der Gruppe der diagnostischen Mikrosysteme sei exemplarisch der industriell bereits sehr fortgeschrittene „DNA-Chip" genannt. An dessen Beispiel lassen sich die grundlegenden Probleme, die dieses Feld auch heute noch forschungsintensiv machen, anschaulich erläutern. Die mikrosystemtechnische Herausforderung besteht darin, dass auf mehr oder weniger strukturierten Oberflächen DNA-Fragmente in großer Variabilität array-artig als Mikrotröpfchen aufgebracht werden, deren Wechselwirkungen mit Testsubstanzen in Form von Mustern sichtbar gemacht werden.

Die enorme Variationsbreite im genetischen oder makromolekularen Bereich kann in statistisch erfassbarer Weise über eine rasche und problemlos erkennbare Musterbildung nur untersucht werden, wenn mikrosystemtechnische Methoden ein wirtschaftliches und zuverlässiges Handling einer hohen Anzahl von Mikrotröpfchen auf der einen Seite, aber auch einer Vielzahl von Testsubstanzen auf der anderen Seite gestatten.

Dieses Prinzip ist bisher insbesondere gegenüber systematischen Fehlern hochempfindlich. Zur Zeit sind bei den kommerziell erhältlichen Chips Zuordnungsirrtümer im Bereich von 5–30 % belegt. Das macht die heute mit dem Biochip gewonnenen Daten kontrollbedürftig und unsicher. Die größte technische Schwierigkeit besteht dabei nicht in der Erzeugung von sauberen Punktmustern in durchaus auch stark miniaturisierter Form, sondern vielmehr darin, auf billigem und gleichzeitig raschem Wege Tausende von unterschiedlichen Spots auf ein Substrat aufzubringen, die garantiert das enthalten, was die Begleitdokumente aussagen (vgl. Nature, Vol. 410, April 19, 2001, p. 860).

Aufschlussreich ist die Geschäftsbilanz der Firma *Affymetrix* für das Jahr 2000. Bei einem Umsatz im Chipbereich von 200 Mio. US$ wurden dennoch keine Gewinne erzielt. Das Beispiel belegt die hohen Investitionskosten, die unsichere Börsenlage und den hohen Risikoanteil im MST-Biotechnologiebereich.

Weiterhin sei ein Problemfeld aus dem zellulär-basierten Applikationsbereich der Mikrosystemtechnik kommentiert: In den letzten Jahren sind sehr viele Systeme zur Manipulation und Vermessung, insbesondere aber zum Sortieren von suspendierten Zellen, wie sie im medizinischen Bereich auftreten, umgesetzt worden. Dabei müssen sehr seltene Ereignisse, z.T. mit einer Häufigkeit von eins zu einer Million und weniger mit Sicherheit erfasst bzw. aussortiert werden. Die physiologische und 100 %ig sichere Behandlung der Zellen sind Grundanforderungen an derartige Mikrosysteme, die in letzter Zeit vor allem im Zusammenhang mit der (adulten) Stammzellenproblematik allgemeines Interesse und wirtschaftliche Bedeutung gewonnen haben.

Neben der schonenden und möglichst berührungslosen Manipulation der Zellen während des Mess- und Sortiervorganges besteht das Hauptproblem bei der Realisierung derartiger Mikrosystemtechnik-Komponenten vor allem darin, durch Verringerung der Totvolumina und Vermeidung unerwünschter Adhäsionsprozesse keine Zellen zu verlieren. Auch das Problem der Übergänge von laborgängigen Makrosystemen, wie Mikrospritzen etc. zu den Mikrosystemtechnik-Komponenten ist bis heute in befriedigender Weise noch nicht gelöst und erschwert die Umsetzung in Massenprodukte.

Wie in kaum einem anderen Gebiet ist die Laborpraxis in den Lebenswissenschaften für mikrosystemtechnische Umsetzungen häufig durch konventionelle (zumeist sogar schlechtere) Prinzipien blockiert, deren Änderungsbedürftigkeit der Anwender nicht mehr überschauen kann. Die Einführung einer deutlich besseren Mikrosystemtechnik-Lösung verlangt darum nach einer Komplettlösung von der Probenisolierung bis zu ihrer finalen Verwertung. Das ist aus Gründen der fachlichen, technischen als auch finanziellen Qualifikation nur wenigen Start-Up-Unternehmen möglich, bzw. etablierten Pharmafirmen oder Geräteherstellern vorbehalten. Viel einfacher und wirksamer ist es, lediglich die Randbedingungen molekularbiologischer und biochemischer Prozeduren zu verbessern (vgl. Firmenphilosophie Quiagen). Hilfreich ist hingegen, dass mikrosystembasierte Produkte nur vereinfachte Zulassungsprozeduren im medizinisch-pharmakologischen Bereich durchlaufen müssen, da es sich um sogenannte „nicht fertige" Arzneimittel handelt.

Zur Veranschaulichung der Größenordnung der notwendigen Investitionen wurden folgende Zahlen angeführt, die als grob geschätzter Mittelwert anzusehen sind. Als Beispiel wurde die Etablierung eines Bio-Mikrosystems (Lab-on-Chip, DNA-Chip, Mikrofluidiksystem etc.) angenommen. Dafür sind folgende Zeiten und Mittel im Minimum erforderlich:

Tabelle 1. Zeiten und Mittel für die Etablierung eines Bio-Mikrosystems (Beispiel)

Entwicklungsstufe	Zeitraum	Kosten
Grundlagenforschung	4 Jahre	2 Mio. EUR
Prototypenentwicklung und angewandte Forschung	3 Jahre	3 Mio. EUR
Technologieumsetzung	2 Jahre	4 Mio. EUR
Serienreife	1–2 Jahre	8 Mio. EUR
Summe	7–12 Jahre	17 Mio. EUR

Nicht erfasst in dieser Abschätzung sind die ebenfalls erforderlichen Mittel zur Firmenstrukturierung. Dieser Aufwand ist zumindest zu Beginn der Förderung von MST-Life-Science-Projekten weit unterschätzt und auch von den Wissenschaftlern selbst verkannt und z.T. aus Unkenntnis regelrecht vergessen worden.

Ein weiteres zu beobachtendes Phänomen ist die voreilige Verkündung von Durchbrüchen mittels gängiger Begriffe, wie beispielsweise beim „Lab-on-Chip", dem „Bio-Sensor" oder den „neuronalen Netzwerken". Diese Mikrosysteme wurden sowohl in der Fach- als auch Populärpresse zu frühzeitig und unzutreffend als gelöst propagiert. In der Folge gingen Interesse und Mittelbereitstellung (sogar der Drittmittelgeber) zurück, was später allerdings (nicht mehr öffentlichkeitswirksam) mit erheblich mehr Aufwendungen und der Rückorientierung auf die Entwicklung neuer Ansätze korrigiert werden musste. Obwohl in den genannten Feldern die Situation nunmehr zu mehr Optimismus Anlass gibt, sind viele der Probleme bis heute nicht befriedigend gelöst. Ein breit anwendbares „Lab-on-Chip" und ein langzeitimplantierbarer, standfester „Bio-Sensor" sowie stabile und definiert herstellbare „neuronale Netze" sind noch nicht wirklich marktwirksam geworden.

Als für die Mikrosystemtechnik geradezu prädestiniert erwiesen sich bisher nur wenige Fragestellungen der Biowissenschaften. Hier sind an führender Stelle das Thermo-Cycling bei der *PCR* (Poly-Chain-Reaction) zu nennen als auch die mikrostrukturierte Immobilisierung von Makromolekülen auf Diagnose- und pharmakologischen Testtargets (zumeist gegenwärtig noch auf *ELISA*-ähnlichen Testsystemen basierend).

Ohne eine umfassende Bestandsaufnahme vornehmen zu können, die den Rahmen dieser Studie sprengen würde, liegen viele potenzielle Applikationsfelder der Mikrosystemtechnik dennoch gerade in den Life Sciences. Bereits in der Förderung bis zum Jahr 2001 sind eine Reihe von mikrosystemtechnischen Produkten mit dem Charakter eines Verbrauchsgutes umgesetzt worden. Die Liste der Firmen mit direkter oder indirekter Involvierung in die Mikrosystemtechnik belegt die gegenwärtige Potenz der Mikrosystemtechnik im Bereich der Lebenswissenschaften (siehe Tabelle 2).

Abb. 3. Kursverlauf einiger Biotechnologie-Unternehmen über die letzten 24 Monate. (Quelle: GEDIF GmbH 2002)

Vergleicht man die Börsenverläufe der am Markt operierenden Biotechnologieunternehmen, so sind fast alle mit den gezeigten Verläufen nahezu identisch, was nichts anderes bedeutet, als dass die Zahl und Qualität der Produkte für die Bewertung bislang kaum eine Rolle spielt, wodurch dieses aufstrebende Wirtschaftsfeld nicht gerade stabilisiert wird.

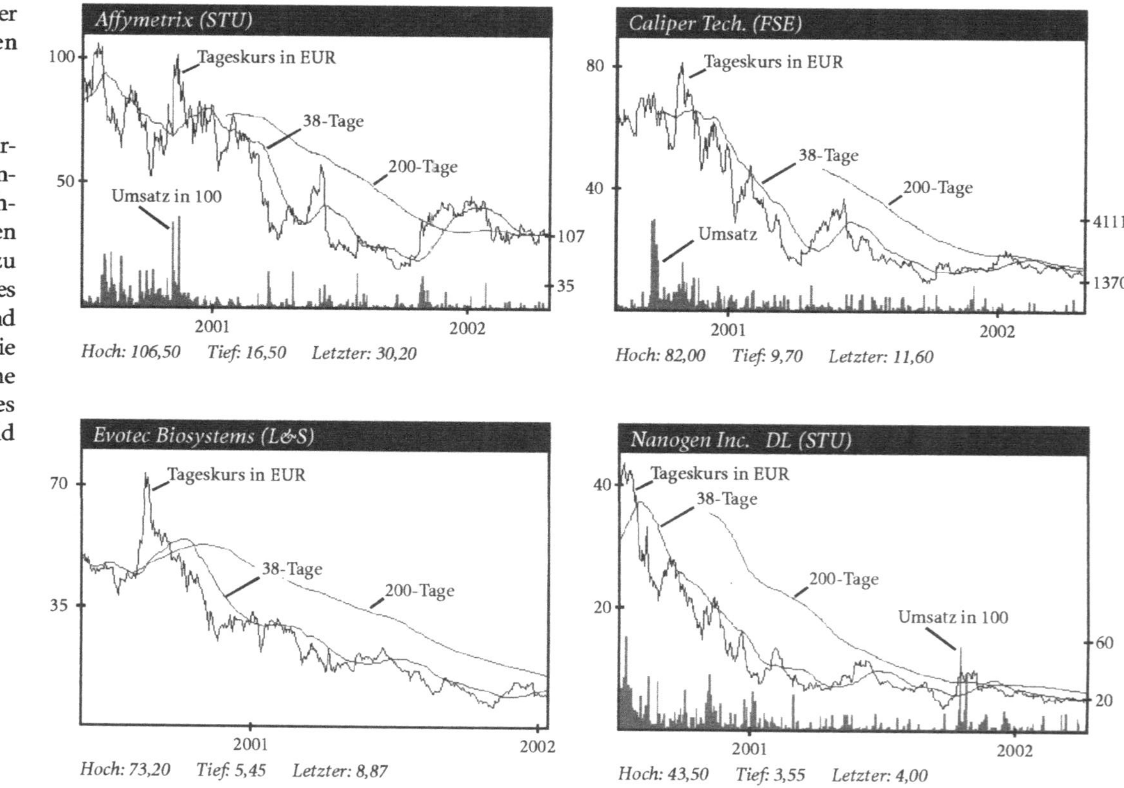

Tabelle 2. Firmen mit wesentlichem Engagement auf dem MST-Life-Science-Gebiet

Firma	*Produkte*
Biogen	Molekular-genetische Kits
BASF	High-throughput Screening ...
Hewlett Packard	Gerätesysteme, Dispenserautomaten ...
Astra Zeneca	Lab-on-Chip
Caliper	Lab-on-Chip, Mikroelektrophorese
Terasense	Biosensoren
Cybio	Handlingsysteme, Detektionssysteme
Aclara	Mikrofluidikarrays
Genscan	Biochips (Lebensmittelanalytik)
FRIZ Biocham	DNA-Arrays
EVOTEC OAI	Biolab-on-Chip, hochauflösende Detektion
MediGene	Analytische MST
Affymetrix	DNA-Chip
Genlogic	DNA-Chip
MPW	E.coli-Chip
Motorola	DNA-Chip
Clondiag	Diagnosemodul-Entwicklung
Incyte Clontech	Gen-Chip-Arrays
Packard Bioscience	Chip-Arrays
Clinical Microsensor	DNA-Arrays

Zusammenfassend ist der Ausgangspunkt der Mikrosystemtechnik mit Zielapplikation in den Life Sciences in Deutschland als sehr gut zu bezeichnen. Über Start-Up-Unternehmen investieren auch ausländische Pharma- und Gerätefirmen in die deutsche Wirtschaft und in die Hochtechnologieentwicklung mit mikrosystemtechnischen Komponenten. Folgerichtig ist durch eine weitere Förderung im Mikrosystemtechnik-Bereich die Chance einer Gründerinitiative und die Eröffnung neuer Forschungs- und Applikationsfelder mit hoher Wahrscheinlichkeit gegeben (vgl. Abschnitt 3.1).

3.3 Forschungsthemen, Aufgabenbereiche und Perspektiven der Mikrosystemtechnik

Den Schwerpunkt der Expertendiskussion bildete die Abschätzung der Möglichkeiten der Mikrosystemtechnik in den Lebenswissenschaften mit der Zielführung auf Produkte, Märkte und Verknüpfungen mit anderen Forschungsfeldern. Im Folgenden sind die gemeinsam getragenen Aussagen der zehn Diskutanten zusammengefasst:

Die Entwicklung der Mikrosystemtechnik mit Bezug zu den Life Sciences ist in den nächsten zehn Jahren an die Etablierung der Biotechnologie und hier vor allem den Fortschritt in den molekularen und zellulären Biotechnologien gekoppelt. Die in der Medizin und auch in der technischen Biologie immer wieder erhobene Forderung nach einer Kostenreduzierung ist nicht zuletzt auch eine Frage der Miniaturisierung. Das macht mikrosystemtechnische Komponenten attraktiv und wird die wirtschaftliche Umsetzung fördern. Mikrosystemtechnik & Lebenswissenschaften werden dabei jedoch nicht losgelöst von den Nanobiotechnologien und nicht abgetrennt von den Entwicklungen der Genetik und Molekularbiologie betrachtet werden können. Auch im Bereich der klassischen Biotechnologien, wie der Fermentertechnik, der Lebensmittelherstellung und in der Veterinärmedizin wird die Mikrosystemtechnik makroskopische Systeme flankieren und nachfolgend schrittweise verdrängen.

Drei Forschungsfelder und -themen haben sich herauskristallisiert, die im Folgenden kurz charakterisiert werden.

Als Leitbegriff, der einerseits die neue Qualität der zu erwartenden Mikrosysteme anschaulich beschreiben soll und gleichzeitig den Bezug der zukünftigen Mikrosystemtechnik-Produkte zu den Life Sciences verdeutlicht, wurde nach reiflicher Diskussion der Begriff *„Symbiontische Mikrosysteme"* gewählt. Er beschreibt sehr gut die angestrebte Biokompatibilität, d.h. einen gewissen Grad der „Physiologisierung der technischen Komponenten" und eine „technische Adaptation der Biologie".

Bisher wird die Biologie mehr in das technische System gezwungen, als dass ein technisches System biologisch ausgeformt würde. Offensichtlich wird das bei der Formgebung, die in technischen Modulen regulär und linear, in biologischen Systemen jedoch stets irregulär und fraktal ist. Ein weiterer Punkt sind die Materialien. Die meisten technischen Realisierungen lassen sich nur in Materialien ausführen, die im Organismus nicht in kompakter Form vorkommen wie z.B. Silizium. Auch hier ist ein Umdenken erforderlich. Symbiontisch bedeutet deshalb auch, dass das biologische System von technischen Komponenten profitiert.

Als ein typisches Beispiel für die Umsetzung der Vision eines derartigen Mikrosystems aus dem Bereich der Medizintechnik wäre die schmerzfreie Blutentnahme bzw. Drug-Applikation anzusehen. Hierbei ist das Entwicklungsziel zum einen der „künstliche Mückenstich", d.h. die Entnahme, Analyse und Auswertung von Blutproben im 100 nl-Maßstab bei geringfügiger oder keiner Schmerzbelastung und zum anderen die Anwendung verletzungsfreier optischer Methoden. Erste Ansätze zu diesen Themen kommen aus dem Bereich der Diabetesbehandlung. So rückt beispielsweise die unblutige Zuckerbestimmung für Diabetespatienten in greifbare Nähe. Das Forscherteam um *Prof. Meinhard Knoll* am *Institut für Chemo- und Biosensorik (ICB) in Münster* hat eine realisierbare Lösung gefunden: das nicht invasive Monitoring-System zur Messung von Glucose in Gewebeflüssigkeit (NIMOS).

Die dabei zu lösenden Aufgaben betreffen die Probenentnahme und -aufbereitung (sowohl in chemischer als auch in physikalischer Hinsicht), die sichere Datenerfassung sowie die nachfolgende Auswertung und Darstellung. Die Diskussion der z.Z. vorliegenden oder in der Entwicklung befindlicher Verfahren und Möglichkeiten ergab, dass der Einsatz von Silizium nicht zwingend ist. Alternativ sind Polymere und Biomaterialien wie Zellulose, Chitin, Knochen, Zahnmaterialien, möglichst Low-Cost-Materialien, intensiv zu untersuchen und in Biosystemen zu testen. Der zukünftig benötigte Strukturierungsbereich wird schon heute durch die technologischen Möglichkeiten der Mikrosystemtechnik abgedeckt. Die benötigten Gräben, Kanäle, Membranen und Kapillaren haben üblicherweise Abmessungen von 1–100 µm.

Größte Erwartungen werden an die Steigerung der Geschwindigkeit von Messverfahren gestellt. Heute eingesetzte Verfahren – zum Beispiel für die Wasser-Analyse zur Frühwarnung bei Chemie-Unfällen – benötigen Messzeiten von ca. 10 min. Die für den Katastrophenfall viel zu lange Reaktionszeit wird derzeit durch Zwischenschaltung von großen Speicherkapazitäten (z.B. Auffangbecken) kompensiert.

Die maßgeblichen Einsatzgebiete für die Mikrosystemtechnik im Bereich der Life Sciences werden in folgenden Feldern gesehen:

- *Pharmazie:* Wirkstoff-Screening, Drug-Delivery, evolutive Biotechnologie, molekulare Bibliotheken,
- *Chemie:* Mikro-Reaktoren, rasche und simple Trenn- und Analysesysteme,
- *Biologie:* Zellmanipulation (sortieren, kombinieren, transformieren), Einzelzellcharakterisierung, Zell-Interfaces,
- *Medizin:* Medizinische Gerätetechnik, klinische Diagnostik und Therapie, Implantate, Bio-storage und Kryobanken sowie
- *Umwelttechnik:* Miniaturisierte Analyse-Systeme, Breitbandmonitoring.

In gleicher Weise kann eine grobe Unterteilung in Bereiche der Grundlagenforschung, der industrienahen Forschung und der industriellen Applikationsforschung vorgenommen werden:

- *Grundlagenforschung im biologisch-medizinischen Bereich:*
  - Molekularbiologisch-genetische MST-Felder (5–10 Jahre),
  - Medizinisch-diagnostische Anwendungen (2–5 Jahre),
  - Tissue-engineering und komplexe Biosysteme (5 Jahre),
  - Biomotoren und künstliche Muskeln (5–10 Jahre),
  - Neurobiologische Anwendungen (5–10 Jahre),
  - Künstliche Embryogenese (10–15 Jahre),
  - Kryobiotechnologien (5–10 Jahre),
  - MST- und Bioinformatik (10 Jahre) und
  - Mikrosystemtechnik und Bionik (künstliches Insekt, Kopie mikroorganismischer Realisierungen, künstliche Zelle; 5–10 Jahre).
- *Industrienahe MST-Forschung und Prototypen-Entwicklung:*
  - Biokompatible Materialien-Implantate (2–5 Jahre),
  - Bioelektronische Inferfaces (Neuronale Chips; 5 Jahre),
  - molekulare/zelluläre Kombinatorik (DNA-Chips, Zell-Zell-Kombinatorik und Differenzierung; 10 Jahre),
  - Kryo-Technologien und Zellbanktechniken (5–10 Jahre),
  - Biohybride Systeme (passive/aktive Implantate; 2–5 Jahre),
  - Mikrosystemtechnik und evolutive Biotechnologie (5–15 Jahre),
  - Minimal-invasive Medizintechnik (2–5 Jahre),

- Molekulare/zelluläre Bionik (biochemische Energiequellen, bioelektrische Energie; 10 Jahre) und
- Bio-Sensorik (2–5 Jahre).
- *Industrielle Applikationsforschung:*
  - Molekulare Präparations- und Analysesysteme (2–5 Jahre),
  - Zelluläre in vitro- und Testsysteme (2–5 Jahre),
  - Mikrodosier- und high-throughput-Screening-Systeme (2–5 Jahre),
  - MST-Hilfskomponenten für das makromolekulare Design (5 Jahre),
  - MST-Komponenten in klassischen Biotechnologiebereichen (Fermentertechnik, Lebensmittelindustrie, Umwelttechnik; 5 Jahre),
  - Standardisierung und Vereinheitlichung von MST-Komponenten (10 Jahre) sowie
  - Techniken zur *in situ*-Produktion von Proteinen (implantierbare Mikro-Bio-Reaktoren, z.B. für die Produktion von Insulin etc.; 5–15 Jahre).

3.4 Leitthemen zum Oberbegriff „Symbiontische Mikrosysteme"

Für den Einsatz der Mikrosystemtechnik im Bereich der Lebenswissenschaften sind drei Leitthemen definiert worden:

- Mikrosystemtechnik & Medical Care,
- Mikrosystemtechnik & Food Quality (Nutrigenomics) sowie
- Mikrosystemtechnik & Cytomics,

die im folgenden kurz untersetzt werden.

3.4.1 Mikrosystemtechnik & Medical Care

Das Leitthema „Medical Care" lässt sich in drei verschiedene Arbeitsbereiche unterteilen:

Für die schwerpunktmäßig Chemie-orientierte Wirkstoff-Forschung steht die Entwicklung von personalisierten, d.h. auf das Individuum abgestimmten und eingestellten Medikamenten im Vordergrund. Dieser Forschungsansatz basiert auf einer Weiterentwicklung der Mikroreaktionstechnik und des Proben-Handlings. Fragestellungen, wie Mikro-Reaktoren, hochparallele und probenintensive Screening-Prozeduren (insbesondere mit individuellen, jedoch in der Gesamtprobenzahl extrem ansteigenden Losgrößen, d.h. deutlich größer als 1 Million) sind essentiell und bedürfen Mikrosystemtechnik-basierter Lösungsansätze.

Ein zweiter wesentlicher Komplex des Leitthemas „Medical Care" umfasst die klinische Diagnostik mit den Schwerpunkten Früherkennung, präventive Diagnostik, Real-Time-Analyse und individual-spezifische Prognose. Gefordert sind hier Eigenschaften wie Schmerz- und Verletzungsfreiheit. In Kombination mit Entwicklungen der klassischen Mikrosystemtechnik/Mikroelektronik (wie z.B. dem „wearable computing") werden hier zukünftig neue Microtools als Grundlage einer präventiven Individual-Diagnostik entstehen lassen. Der an anderer Stelle bereits erwähnte „künstliche Mückenstich" oder ein komplett in der Kleidung integriertes EKG könnten charakteristische Produkte aus diesem Bereich sein.

Der dritte große Themenbereich der medizinisch orientierten Anwendungsfelder umfasst die therapeutischen Maßnahmen und dabei insbesondere die Implantationen, Transplantationen und die Chirurgie. Unter diesen Oberbegriffen lassen sich Entwicklungen einordnen wie z. B. Drug-Delivery (künstliche Bauchspeicheldrüse), künstliche Organe, Werkzeugentwicklung für die minimal-invasiven Techniken, computergestütze Operation mit mikrosystemtechnischen Komponenten sowie neue Ansätze zur Versorgung von Patienten mit körpereigenen und körperfremden Ersatzteilen, die die Ablage von Biomaterial und die Entwicklung von Bio-Storage-Technologien, Kryo-Verfahren zur Lagerung von körpereigenen Gewebe, Blut, Zellen bis hin zu Stammzellen für den späteren Einsatz im Notfall, aber auch neue Techniken für z.B. die körpereigene Ansteuerung von Prothesen (BioWire) erfordern.

3.4.2 Mikrosystemtechnik & Food Quality (Nutrigenomics)

Auch im Bereich der Nahrungsmittelherstellung, Lagerung und Qualitätskontrolle gewinnen Mikrosystemtechnik-basierte Werkzeuge immer größere Bedeutung. Eine umfassende, leicht zu beherrschende Quantitäts- und Qualitätskontrolle, die sich auf geographische, ökonomische und ökologische Besonderheiten einstellt, kann nur dann funktionieren, wenn Entwicklungen aus der Mikrosystemtechnik (Sensorik, Mikrokomponenten Systemintegrationen usw.) zugrunde gelegt werden. Dieses wird sowohl Auswirkungen im globalen Bereich haben (Welternährung) als auch die persönliche Nahrungsaufnahme optimieren. Eine funktionierende und umfassende Qualitätskontrolle im Hinblick auf Frische und mikrobiellen Befall, aber auch in Hinsicht auf persönliche Ernährungserfordernisse kann zukünftig Grundlage einer optimalen und vor allen Dingen gesunden Ernährung sein.

3.4.3 Mikrosystemtechnik & Cytomics

Unter dem Obergriff „Cytomics" lassen sich nahezu alle biologisch orientierten Fragestellungen der Lebenswissenschaften zusammenfassen. Die Schwerpunkte der Arbeiten liegen zukünftig im Bereich der zellulären und molekularen Interaktionen zur Steuerung symbiontischer Mikrosysteme. Dieses schließt ein:

- die physiologische, d.h. medizinisch unbedenkliche Einzel-Zell-Charakterisierung und -manipulation,
- den weitgehenden Ersatz von Tierversuchen durch Untersuchungen an Einzelzell-, Zellaggregat- und Gewebemodellen,
- die Entwicklung von Techniken für Cell-Interfaces als dem wesentlichen Element zur Steuerung von intelligenten Implantaten,
- Zell-Kombinatorik zur Induktion von spezifisch an die Mikrosystemtechnik angepassten Zell- und Gewebestrukturen,

- Nachbildung zellulärer Systeme (künstliche Zelle) und
- Molekulare Kombinatorik.

3.5 Produktvisionen

Allgemein sind drei Produktarten als Resultat einer Mikrosystemtechnik-Förderung zu erwarten:

1. Verbrauchsgüter in Massenstückzahlen mit breiter Anwendung, jedoch hochspezifischer und hochdefinierter Funktion, in Verbindung mit niedrigem Preis (vor allem im Bereich der medizinischen Diagnostik sowie den molekularen und zellulären Biotechnologien):
   - biochemische Sensoren für die Frischekontrolle im Lebensmittelbereich,
   - Mikroprobenbehälter für die Ablage in Referenzbanken und
   - Diagnostiksysteme in kompakter Bauform, zur automatischen Analyse von Körperflüssigkeiten wie z. B. Blut.
2. Hochkomplexe Mikrosysteme mit besonderen, ansonsten nicht realisierbaren Funktionen und Anwendungen mit vergleichsweise hohem Einzelpreis (z.B. auch kundenspezifisches Design, vor allem in der Pharma-Industrie, im Biotechnologiebereich und in den verschiedensten Forschungseinrichtungen)
   - Mikrosysteme zur Einzelzellbehandlung für die Biotechnologie,
   - Mikrosystemkomponenten für das Hochdurchsatzscreening und
   - Spezialanwendungen aus dem Bereich der Grundlagenwissenschaften.
3. Modulare Grundkomponenten mit hoher Kombinationsfähigkeit zur Komposition
   - makroskopischer Systeme,
   - künstlicher Muskel,
   - biochemischer Aktuatoren,
   - molekularer Motoren,
   - biochemischer Energiequellen und
   - dreidimensionale Biosysteme (z.B. für die *in-vitro*-Kultur, das Bio-storage etc.).

3.6 Gesellschaftliche Randbedingungen

Die gesellschaftliche Akzeptanz und der öffentliche Bedarf an Mikrosystemtechnik in den Lebenswissenschaften hängt direkt von der Akzeptanz der jeweiligen Biotechnologien ab. Hier sind verschiedene Felder zu unterscheiden:

Alles, was unmittelbar der medizinischen Diagnostik und Therapie, insbesondere der Bekämpfung von Erkrankungen und der Kompensation bzw. Behebung von Gewebe- und Organschädigungen bis hin zu deren Ersatz führt, wird von breiten Bevölkerungskreisen akzeptiert. Zu prüfen bleibt die Bezahlbarkeit und der Ressourcenaufwand. Der Staat ist vor allem an den Produkten interessiert, die eine Kostensenkung der öffentlichen Ausgaben bewirken könnten. Gleiches gilt für die Betreuung und Lebensführung älterer Menschen, den Gesundheitsservice sowie die Verbesserung der Lebensqualität und des Lebensstandards allgemein.

Was die biotechnologischen Anwendungen auf molekularer und zellulärer Ebene betrifft, so wird entscheidend sein, dass Deutschland in absehbarer Zeit eine international abgestimmte Regelung zu erwünschten Applikationen molekularbiologischer und zellbiologischer Techniken erarbeiten muss. Die Mikrosystemtechnik im Life-Science-Bereich wird von diesen Fragen nicht unberührt bleiben, d.h. in den Klärungsprozess zur Stellung der Embryogenese, Gentherapie, Stammzellennutzung und Organregeneration unmittelbar einbezogen werden.

Unstrittig aus Sicht aller gesellschaftlicher Bereiche wird die Mikrosystemtechnik in der Präventivforschung und -diagnostik sowie der Anlage von Umweltbanken, Zellbanken und Kryobanken mit engen Bezügen zur Umwelttechnik, der vorsorglichen Ablage von Millionen von Proben aus dem Lebensmittelbereich, der Landwirtschaft und der Vorsorgemedizin involviert sein. Da dies umfangreiche Probenmengen und eine Reduzierung präparativer Schritte erfordert, ist eine Miniaturisierung bereits jetzt als unvermeidlich mit zahlreichen mikrosystemtechnischen Massenprodukten abschätzbar.

Von ganz entscheidender Bedeutung wird die Patentierung von Grundlösungen sein. Die spätere industrielle Umsetzung wird maßgeblich vom Schutz entscheidender Komponenten abhängen. Deutschland liegt bei der Anmeldung von Biotechnologiepatenten bereits an vierter Stelle in der Welt. Auch wenn die Erfolgsquote biotechnologischer Patente eher als gering einzuschätzen ist, verlangt gerade die Mikrosystemtechnik-Komponente nach besonders schutzfähigen Bereichen. Die Claims auf diesem Industriegebiet werden in den nächsten 10 Jahren vergeben.

Im Schnittbereich von Mikrosystemtechnik und molekularen sowie zellulären Biotechnologien besteht ein erhebliches nationales Interesse, Schlüsselpositionen zu besetzen und im Sinne der eigenen Wirtschaft zu schützen. Dem steht die wachsende globale Vernetzung der Unternehmen gegenüber. Der typische Verlauf wird deshalb die frühzeitige Einbeziehung oder Gründung von Start-Up-Unternehmen sein, die nach erfolgreicher Börsennotierung ihr Gründerkapital zurückzahlen können oder von etablierten Firmen übernommen bzw. gesponsert werden.

Es ist zur Zeit und wird mit einiger Wahrscheinlichkeit auch in Zukunft nicht so sein, dass ein Unternehmen die Mikrosystemtechnik, Biotechnologie und Hardware/Software-Entwicklung und Mikrosystemtechnik-Fertigung unter einem Firmendach zu vereinigen sucht. Vielmehr zeichnen sich bereits jetzt konsequente „Outsourcing-Modelle" ab, jedoch mit partnerbezogenem „Know-how-Schutz". Entwicklungen von Firmen, wie sie im Computerbereich vom Garagenunternehmen zum Großunternehmen erfolgt sind, können auch im Feld der Mikrosystemtechnik in Kombination mit der Biotechnologie und den Lebenswissenschaften erwartet werden. Einige Große werden eine Vielzahl kleiner Zulieferer, die sich in Clustern um attraktive Wissenschaftsstandorte herausbilden werden, koordinieren. In Deutschland sind das die Biotechnologiestandorte wie

Heidelberg, Berlin, Golm, Martinsried, Weihenstephan, München, Hamburg, Saarbrücken, Jena, Dresden, Leipzig, Münster und Aachen. Die Ausgründung aus wissenschaftlichen Einrichtungen ist deshalb weiterhin zu fördern.

Mehr und mehr wird nicht die direkte industrielle Umsetzung, sondern eine zwischengeschobene Technologieprüfung und -optimierung das Risiko einer MST-LS-Vermarktung verringern. Nur jede zwanzigste funktionierende Grundlösung erweist sich gegenwärtig als später verwertbar, d.h. gewinnbringend produzierbar. Es sind entweder alternative Prinzipien oder technologische Probleme, die zum Scheitern führen. Die Technologiebegleitung ist eine Grundidee der Fraunhofer-Gesellschaft. Als Mittler zwischen Forschung und Industrie kommt ihr (bezüglich Mikrosystemtechnik in Verbindung Life-Sciences) eine herausragende Schlüsselstellung zu. Keine andere Einrichtung der Bundesrepublik verfügt, auch international gesehen, über ein derart einsatzfähiges und interdisziplinäres Technologiefeld, wie die Fraunhofer-Gesellschaft. Die industriellen als auch die Forschungsaktivitäten an Universitäten und außeruniversitären Einrichtungen sind diesbezüglich zu koordinieren.

In den nächsten fünf Jahren wird auch die sehr heterogene nationale Gesetzgebung eine wichtige Rolle spielen. Eine internationale Standardisierung ist in den kommenden Jahren nicht realistisch, so dass die Berücksichtigung der jeweiligen gesetzlichen Regelungen einen erheblichen Zusatzaufwand bedeuten wird. Bereits jetzt werden die zu erwartenden nationalen und internationalen Entwicklungen in einer durch das Bundesministerium geförderten Weise erfasst bzw. sind im Rahmen der *BMBF*-Förderaktivitäten über Internet abrufbar (Informationen auf den Internet-Seiten des *Instituts für Wissenschaft und Ethik in Bonn*: http://www.uni-bonn.de/iwe/; Stand August 2002). Mit international widersprüchlichen und inkonsequenten Regelungen ist zu rechnen. Die Mikrosystemtechnik-Entwicklung dürfte davon allerdings nur mittelbar beeinflusst sein.

3.7 Bedeutung für die Industrie

Dass sich eine potente Biotechnologieindustrie in Deutschland und den hochindustrialisierten Ländern herausbilden wird, steht außer Frage. Die kommenden Jahre werden durch die Lebenswissenschaften bestimmt. Industrielle Mikrosystemtechnik-Produkte, die Medizin und die Bioinformatik werden unser tägliches Leben in ähnlich starker Weise verändern, wie es die Elektronik und Computerentwicklung in den letzten Jahrzehnten bereits spürbar getan haben. Eine massenwirksame Umsetzung ohne Mikrosystemtechnik ist ebenso undenkbar, wie die Auslassung der Nanotechnologie es wäre. Aus industrieller Sicht sind die folgenden Entwicklungen zu erwarten:

Die neuen Materialkreise (vgl. Abschnitt 3.3: Zellulose, Knochenmaterialien etc.) der Biowissenschaften werden zu kleinen und mittleren Firmen führen, die in der Lage sind, variable Aufgaben bis hin zur Technologieentwicklung und -anpassung auszuführen.

Von gleicher Größenordnung wird die Assemblierung und Einbettung in die Geräte-Peripherie sein. Es ist davon auszugehen, dass, so weit als möglich, Standardkomponenten großer Laborinstrumentehersteller und der Computerbranche zu komplexen Systemen mit mehr oder minder auswechselbarer mikrosystemtechnischer Kernkomponente zusammengefügt werden. Hinzu kommen Technologiehersteller im industriellen Bereich, die zur Zeit noch nicht vorhanden bzw. aktiv sind, deren Produktfeld die Errichtung industrieller Großanlagen sein wird.

Insgesamt ist aus der Kombination von Mikrosystemtechnik mit den Lebenswissenschaften mit einer breiten wirtschaftlichen Ausstrahlung und der Schaffung von Arbeitsplätzen in den verschiedensten Regionen zu rechnen. Nicht unerwähnt darf das internationale Marktpotenzial bleiben. Miniaturisierte Komponenten können weltweit verschickt und gehandelt werden. Die Zertifizierung ist ein weiterer Markt, der jeweils die nationalen Importe betrifft.

Es werden neue Industriezweige entstehen, die aus einer Kombination von Informatik, Mikrosystemtechnik und Biotechnologie mehrstellige Wachstumsraten und für erhebliche Zeiträume Monopolstellungen einnehmen werden, ähnlich dem PCR- und DNA-Chip-Markt.

Es muss geschlussfolgert werden, dass Life-Science-Firmen ohne Mikrosystemtechnik-Komponenten und eine Verknüpfung von molekularer und/oder zellulärer Biologie mit den Hochstrukturierungstechniken international nicht konkurrenzfähig sein werden.

4 Mikrooptik
Wolfgang Karthe

4.1 Einführung und Charakterisierung des Themengebietes

Photonik als Querschnittstechnologie

Der Jahrtausendwechsel markiert nach Ansicht vieler Experten den Beginn des Zeitalters der Photonik, in dem optische Technologien den Innovationstreiber für die nächsten Jahre darstellen werden. Dies mag übertrieben erscheinen, boomt doch die Photonik schon seit vielen Jahren. Es kann aber als sicher gelten, dass in den nächsten Jahren optische Technologien eine Reihe von heute noch der Elektronik vorbehaltenen Aufgaben übernehmen werden.

Lasertechnik bildet inzwischen die Grundlage für optische Messgeräte ebenso wie für Verfahren zur Datenspeicherung und schnelle Datenübertragung. Die theoretischen Grundlagen wurden von *Albert Einstein* bereits 1917 gelegt. 1960 gelang die Realisierung des ersten Lasers, und seit 1980 erobert er die Informations- und Kommunikationstechnologie. Heute findet man Laser und andere photonische Bauelemente in vielen Branchen, angefangen von der Drucktechnik, über Messtechnik bis hin zur Medizin, in der Materialbearbeitung und in der Produktionstechnik.

Photonik stellt zwar keinen in volkswirtschaftlichem Sinne „großen" Industriezweig dar, hat sich aber branchenübergreifend als „enabling technology" mit großer Hebelwirkung etabliert.

„Mikrosystemtechnik und Mikrooptik"

Der enorme Boom in der Kommunikationstechnik, sowie Fortschritte in der Materialentwicklung und Produktionstechnik führten dazu, dass die Mikrooptik in den vergangenen Jahren einen Stellenwert erreichte, der eine eigene Darstellung dieses Fachgebiets innerhalb der Mikrosystemtechnik erfordert. Aus der „Mikrolinse" und dem Wellenleiter sind durch die Verfügbarkeit miniaturisierter, kompakter Halbleiterlaser komplexe Systeme bzw. Systemkomponenten entstanden, die vielfältig eingesetzt werden. Der Weg von der reinen miniaturisierten Optik hin zur Entwicklung von „photonischen Mikrosystemen" ist somit längst beschritten und lässt eine Unterteilung des Gebiets „Mikrooptik" in fünf zentrale Themenfelder zu:

- *Optische Datenübertragung und -speicherung:*
  Dieser Bereich umfasst Themen wie Komponenten und Systeme für hochbitratige Datenübertragungen über optische Wellenleiter oder frei im Raum und optische Datenspeicherung. Zentralen Raum bei der Diskussion nimmt die Kommunikationstechnik ein. Von Weitverkehrsnetzen, bei denen die optische Datenübertragung mit höchsten Datenraten über große Entfernungen gefordert ist, bis hin zu heute diskutierten optischen On-Chip-Übertragungsstrecken (fasergebunden oder als Freiraumübertragung) reicht die Palette der möglichen Anwendungen. Die optische Datenspeicherung umfasst hauptsächlich die Weiterentwicklung von CD und DVD, aber auch die Nutzung holographischer Methoden einschließlich von Volumenspeichern.

- *Optische Sensorik:*
  Auch im Bereich der Messtechnik spielen optische Verfahren eine wachsende Rolle. Neue Materialien und präzisere Fertigungstechniken geben diesem Bereich einen immer stärkeren Auftrieb. Berührungslose und nicht invasive Verfahren wie auch hochparallelisierte und miniaturisierte Lösungen spielen insbesondere in den Life-Sciences eine große Rolle.

- *Lasertechnik:*
  Fortschritte bei den Lichtquellen bilden die Grundlage für alle anderen Bereiche der Mikrooptik. Gerade im Bereich der Laser sind in den vergangenen Jahren Entwicklungen entstanden, die den verstärkten Einsatz der Mikrooptik erst ermöglicht haben. Der zunehmende Einsatz von Lasern in der Kommunikationstechnik und der Ersatz des Kanten-Emitters durch VCSELs hat einen Umbruch in der Entwicklung eingeleitet, die heute sicher erst ganz am Anfang steht.

- *Displaytechnologie:*
  Ein weiteres Gebiet der „photonischen Mikrosysteme", das man vielleicht nicht unbedingt auf Anhieb der Mikrooptik zuordnen würde, ist die Displaytechnik. Sie profitiert von Fortschritten bei der Materialentwicklung ebenso, wie von Neuentwicklungen im Bereich der Laser, Optiken und Fertigungsverfahren. In diesem Gebiet geht es um neuartige RGB-Quellen auf LED- und Laser-Basis, klassische mikromechanische Mikrospiegel und weiterentwickelte LCD-Matrizen (LCoS), aber auch um organische, leuchtende Polymere, die für Laser, OLEDs und Solarzellen eingesetzt werden können. Die Anwendungen all dieser neuen Entwicklungen hängen bezüglich Effizienz und Systementwicklung untrennbar von der Mikrooptik ab. Auf solchen Systemen beruhende sensorische Funktionen und die Polymerelektronik sind damit ebenfalls eng verbunden.

- *„Klassische" Optik:*
  Daneben spielen natürlich auch die Felder der klassischen Optik nach wie vor eine herausragende Rolle. Mikrolithographie mit immer kürzer werdenden Wellenlängen, Mikrooptiken für unterschiedlichste Anwendungen und der Einsatz von Mikrostrukturen in Verbindung mit konventionellen Optiken sind hier zu nennen.

Der Anwendungsbereich von mikrooptischen Komponenten und photonischen Mikrosystemen ist somit sehr umfangreich, da ähnlich wie die gesamte Mikrosystemtechnik auch die optischen Teilaspekte zunehmend alle Branchen durchdringen. Aus heutiger Sicht werden schwerpunktmäßig folgende Anwendungsfelder gesehen:

- Kommunikationstechnik ,
- Datenspeicherung, -verarbeitung,
- Energie-/Lichttechnik,
- Life Sciences (Gesundheit/Ernährung),
- Licht als Werkzeug (Lithographie, Materialbearbeitung),

- Sicherheit,
- Umweltschutz und
- Life Style.

Nach übereinstimmender Ansicht liegen die Schwerpunkte der heute noch zu lösenden Aufgabenstellungen nahezu unabhängig vom Themenbereich oder Anwendungsfeld bei den Aufgaben:

- Materialentwicklung
- Komponentenentwicklung
- Systementwicklung
- Aufbautechnik
- Reduzierung der Kosten

Im Rahmen des Workshops wurden die Bereiche optische Kommunikation, optische Datenspeicherung, organische Komponenten, Lasertechniken und Grundlagenforschung vertieft diskutiert. Innerhalb des Berichts werden diese Felder daher gesondert herausgestellt.

4.2 Gesellschaftliche Randbedingungen

Die Bedürfnisse der Menschen nach Sicherheit, Gesundheit, Kommunikation Kompetenz und Infotainment werden sich nur erfüllen lassen, wenn die optischen Technologien zunehmend in die technische Realisierung intelligenter Produkte Einzug halten. Die „Infotainment Society" benötigt stetig wachsende Bandbreiten, was nur durch optische Kommunikationstechnologien ermöglicht werden kann. Bei der zunehmenden Mobilität in Beruf und Privatleben, mit dem Bedürfnis des Einzelnen nach Information und Kommunikation und der Tatsache, dass 80 % der vom Menschen aufgenommenen Informationen visueller Art sind, werden Displaytechnik und Mikrooptik zukünftig eine herausragende Rolle spielen – egal, ob bei der Weiterentwicklung von Handys, „smart cards" oder anderen Produkten.

Je weiter sich die Mikrooptik entwickelt und in die verschiedenen gesellschaftlichen Bereiche eindringt, umso mehr wird sie den Ansprüchen an zukünftige MST-basierte Produkte entsprechen helfen, wie „Unsichtbarkeit" und „Benutzerfreundlichkeit". Mikrooptik schafft die Voraussetzung für eine sichere Identifizierung von Objekten und Personen. Sie wird Randgruppen wie Senioren, Behinderten und Kranken die Teilnahme am gesellschaftlichen Leben wesentlich erleichtern. Licht als allgegenwärtiger Faktor unserer Umwelt wird uns in seiner Funktion „Beleuchtung" für die Arbeits- und Privatsphäre zu mehr Sicherheit und Wohlbefinden verhelfen. Mikrooptik kann auch einen erheblichen Beitrag zur Lösung der Umweltprobleme liefern. Damit wird deutlich, dass die Anforderungen an die Weiterentwicklung in der Mikrooptik durch die zukünftigen Bedürfnisse aus der Gesellschaft definiert werden und nicht primär von den technisch möglichen Entwicklungen bestimmt sind.

Derzeit stehen bei der übergroßen Mehrheit der Bevölkerung Brille, Mikroskop und Fernrohr für den Begriff „Optik". Sie hat damit den Anschein einer klassischen, längst bekannten und nichts Neues bietenden Wissenschaft aus dem letzten Jahrhundert. Im Gegensatz dazu wird die moderne Mikrooptik als Teil der „enabling technology" Optik in Consumerprodukten (z.B. Abtastköpfe in CD/DVD-Playern, optische Mäuse, medizinische Endoskope, Sicherheitssysteme …) nicht wahrgenommen, aber umso selbstverständlicher genutzt. Dieses Nichtwahrnehmen beruht nicht zuletzt darauf, dass Licht und damit auch Optik als technisch gefahrlos für den Menschen angesehen werden. Optik ist somit gesellschaftlich nicht vorbelastet. „Optik ist gut, sie stellt keine Gefahr dar!"

Auf diese Weise könnte eine kritische öffentliche Diskussion zum Thema „Elektrosmog" die Bedeutung der Mikrooptik für Freiraumübertragung in Räumen als Alternative zur Funkübertragung hervorheben.

Das Nichtwahrnehmen der Optik führt bei der schon insgesamt angespannten Situation fehlender Ingenieure und Ingenieurnachwuchses jedoch gleichzeitig zu besonderen Lücken bei Ingenieuren und Wissenschaftlern mit Optikspezialkenntnissen.

4.3 State-of-the-Art in Produktion und Forschung

4.3.1 Kommunikation

Während das Verkehrsaufkommen im Telefonnetz über die letzten Jahre nur unwesentlich gestiegen ist und für die nächsten Jahre sogar ein leichter Rückgang erwartet wird, hat beim Internet-Datenverkehr ein exponentielles Wachstum mit Wachstumsraten von mehr als 100% pro Jahr eingesetzt. Monatliche Datenmengen von mehr als 6.000 PB (Peta Byte) werden bereits für das Jahr 2002 erwartet.

Ermöglicht wird diese Entwicklung durch die rasanten Fortschritte auf den Gebieten Mikroelektronik und optische Nachrichtentechnik. Die optische Übertragung über Glasfaser ist die Basis aller modernen Hochgeschwindigkeits-Festnetze. Ausgehend von den Weitverkehrsnetzen – hier wird die optische Übertragungstechnik bereits heute ausschließlich eingesetzt – dringen zukünftig die optischen Netze über den Metrobereich bis zu den Teilnehmern, d.h. bis in die Wohnung und das Büro, vor. Für das Jahr 2010 wird der flächendeckende optische Teilnehmeranschluss (Fiber to the home, FTTH) mit 150 Mbit/s für den privaten und mit mehreren Gbit/s für den geschäftlichen Teilnehmer prognostiziert.

Eine vergleichbare Bedeutung werden die optischen Inhouse-Netze zum Anschluss der breitbandigen Endgeräte erlangen (Fiber to the desktop, FTTD). In diesem Zusammenhang steht auch die optische Freiraumübertragung, die im Bereich der mobilen Inhouse-Kommunikation und beim drahtlosen Teilnehmeranschluss zum Einsatz kommen soll. Die genannten hohen Datenraten (über 100 Mbit/s) für den Teilnehmeranschluss werden dabei nicht für Streaming-Video benötigt, dafür sind dank der leistungsfähigen *MPEG*-Bildkompressions-

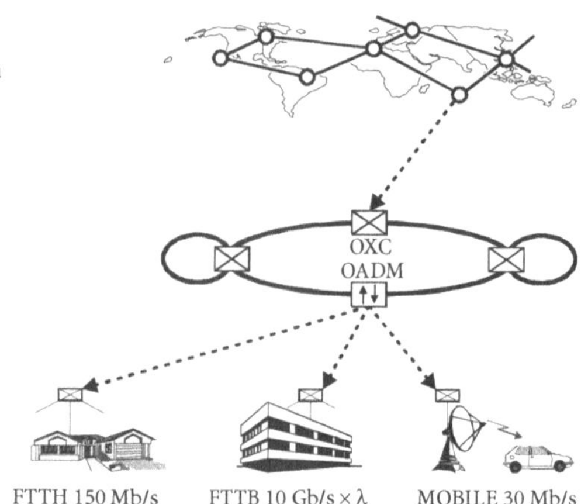

Abb. 1. Netzwerkhierarchie im Jahr 2010
(Quelle: OITDA Newsletter 2000.3.30, No.10)

techniken einige wenige Mbit/s ausreichend. Extreme Datenraten werden vielmehr dann benötigt, wenn der Nutzer geringe Reaktionszeiten des Internets erwartet, wie beim Fast-Browsing, Fast-Downloading und insbesondere für Tele-Working und für Spiele.

Hiermit eng verbunden ist die Entwicklung der mobilen Kommunikation. Vom Jahr 2002 an wird in Europa die sogenannte dritte Generation der Mobilkommunikation (UMTS) eingeführt werden, womit ein mobiler Internetanschluss mit bis zu 2 Mbit/s möglich sein wird. In den Laboren wird bereits an der vierten Generation der Mobilkommunikation gearbeitet, die dem Nutzer einige zehn Mbit/s für den schnellen Internetanschluss zur Verfügung stellt. Man geht davon aus, dass im Jahre 2010 für Jedermann ein mobiler Internetanschluss mit 30 Mbit/s zur Verfügung stehen wird. Bei eingeschränkter Bewegungsfreiheit werden Übertragungsraten von bis zu 150 Mbit/s genutzt werden können. Derartige Breitband-Mobilnetze sind nur in Verbindung mit optischen Netzen denkbar. Dies gilt sowohl innerhalb als auch außerhalb von Gebäuden.

Diese Entwicklung führt dazu, dass in den kommenden Jahren die weltumspannenden Kommunikationsnetze weiterhin ausgebaut werden müssen. Zur Deckung des Bandbreitenbedarfs ist es das Ziel – neben der Verlegung neuer Fasern – die enorme Bandbreite der einzelnen Faser (60 THz) mit Hilfe einer hochkanaligen WDM-Technik in Richtung 1000 Wellenlängen oder einer sehr hochratigen Zeitmultiplextechnik in Richtung von 1 Tbit/s je Träger besser zu nutzen. Theoretisch könnte über eine Glasfaser eine Summendatenrate von 600 Tbit/s übertragen werden. Heutige Systeme nutzen davon weniger als 2%.

Mit der Steigerung der Übertragungskapazität von Übertragungsstrecken muss im gleichem Maße der Netzknotendurchsatz gesteigert werden. Durch die Fortschritte auf dem Gebiet der optischen Raumschalter rückt hierzu die optisch transparente Durchschaltung der großen Verkehrsströme in den Netzknoten (optischer Crossconnect) in den Mittelpunkt des Interesses. Ziel ist das volloptische Netz, das flexibel dem Verkehrsaufkommen angepasst werden kann. Mit Hilfe eines intelligenten Netzmanagements wird eine optimale und somit ökonomische Nutzung der Netzinfrastruktur erreicht. Weitere Entwicklungsstufen im Hinblick auf die Burst- und Paketübermittlung sind die Einführung von paketspezifischen optischen Funktionen bis hin zur optischen Paketvermittlung.

Ein weiterer, stark wachsender Anwendungsbereich für die optische Nachrichtentechnik ist die optische Verbindungstechnik innerhalb von Systemen, wie für die Rack/Rack-, Board/Board-, Modul/Modul-, Chip/Chip- und Intrachip-Verbindungen. Als zukünftiges Applikationsfeld wird die optische Kommunikation in Verkehrsmitteln einen bedeutenden Stellenwert erlangen.

Die erwartete Netzentwicklung und der breit gefächerte Einsatz optischer Nachrichtentechnik hängen entscheidend von der Entwicklung und der Verfügbarkeit der erforderlichen optischen und optoelektronischen Komponenten ab. Eine besondere Rolle spielt hierbei die optische Aufbau- und Verbindungstechnik, deren Kosten in der Regel den überwiegenden Teil der Gesamtkosten eines Bauelementes ausmachen. Insbesondere für den teilnehmernahen Bereich und die Teilnehmernetze sind noch drastische Kostensenkungen erforderlich. Für den Low Cost-Transceiver, d.h. das optische Sende-/Empfangselement, wird ein Stückpreis von unter 1,– EUR angestrebt.

Im Highend-Bereich (Komponenten der oberen Netzhierarchien) ist die Verbesserung der Aufbau- und Verbindungstechnik ein wesentliches Ziel. Hierbei steht die optische Motherboard-Technik im Vordergrund, bei der auf einem Substrat mit optischen Wellenleitern optische und optoelektronische Chips miteinander vernetzt und mit der Außenwelt über Glasfasern verbunden werden.

4.3.2 Optische Speicher

Es ist unbestritten, dass für die Speicherung großer Datenmengen zukünftig nur noch optische Verfahren zum Einsatz kommen werden. Dabei geht man davon aus, dass die flächenhaft arbeitenden Speicherverfahren (optical disk) dominieren werden. Echte optische Volumenspeicher werden auf spezielle Anwendungsgebiete beschränkt bleiben. Einsatzmöglichkeiten für Volumenspeicher werden im Bereich der Sicherheitstechnik (Security), der Qualitätskontrolle und bei optischen neuronalen Netzen gesehen.

Heutige CDs werden mit Wellenlängen von 780 nm gelesen und erreichen eine Speicherkapazität von 0,7 GB, DVDs arbeiten mit 650 nm Strahlung und erreichen Speicherkapazitäten von 4,7 GB. Schon in Kürze sollen Geräte auf den Markt kommen, mit denen durch Einsatz blauer Laserdioden mit 405 nm Wellenlänge 22 GB pro Seite auf einer DVD untergebracht werden können. Bis zum Jahr 2006 erwartet man eine Steigerung der Kapazität auf 100 GB (Advanced Optical Disc); 150 GB sind aus heutiger Sicht technisch machbar und werden für das Jahr 2008 erwartet, wofür der Einsatz der von den Harddisks stammenden Winchester-Technologie auch bei den optischen Aufzeichnungsverfahren erforderlich wird.

Weitere Steigerungen der Speicherdichte erfordern die Entwicklung neuer Materialien (u.a. Nutzung mehrerer Wellenlängen) und eventuell den Übergang zu Volumenspeichern.

4.3.3 Polymere Optoelektronik

Organische Materialien werden für die verschiedensten Anwendungsbereiche der Mikrosystemtechnik immer interessanter. Die Markteinführung von organischen Displays hat begonnen, auch organische Laser sind als Demonstratoren bereits verfügbar. Im Bereich der Photovoltaik können organische Materialien durch den verringerten Herstellungsaufwand voraussichtlich das Dilemma der Energiebilanz lösen. Sie werden bereits für die verschiedensten Sensoren eingesetzt. Nicht zuletzt eröffnet die Kombination aus optisch verwendbaren Polymeren und der im Entstehen begriffenen Polymerelektronik völlig neue Perspektiven.

Displays auf der Basis organischer Materialien können sich zu echten Konkurrenten der klassischen Kathodenstrahlröhre entwickeln, sofern man die noch offenen Fragen einer wirtschaftlichen Fertigungstechnik, der Lebensdauer und der Aufbautechnik zufriedenstellend beantworten kann.

Polymere werden in unterschiedlichsten Anwendungen aus Kostengründen zunehmend die heute noch in optischen Komponenten verwendeten Gläser ersetzen. Neue und weiterzuentwickelnde Verfahren in der Produktionstechnik (z.B. Replikationsverfahren) steigern die Präzision bei der Herstellung von Polymerkomponenten und eröffnen dadurch neue Marktsegmente für den Masseneinsatz.

4.3.4 Laserdioden

Der Einsatz von Laserdioden in der Kommunikationstechnik steigt ständig und verlagert sich zunehmend vom klassischen Kanten-Emitter zu den 1979 entwickelten und seit Beginn der 90er Jahre auch als Massenprodukt erhältlichen VCSELs für den Wellenlängenbereich bei 850 nm. Bei einem Umsatz, der sich alle zwei Jahre verdoppelt, hat der Anteil an VCSELs inzwischen 50% erreicht und soll bis 2020 auf 90% steigen. Bereits für das Jahr 2003 wird ein Marktvolumen der VCSEL-basierten Sender von 500 Mio. US$ erwartet.

Besonderes Forschungsinteresse gilt heute dem Langwellenbereich mit 1,3–1,55 μm Wellenlänge. VCSEL für 850 nm Wellenlänge bilden heute den Standard, Spezialentwicklungen für 1,3 μm zum Einsatz in einem optischen 10 Gb/s-Ethernet sind im Labormaßstab verfügbar. Eine Ausweitung in den sichtbaren Bereich hinein und hin zu längeren Wellenlängen bis 3 μm ist Gegenstand der aktuellen Forschung und Entwicklungen. Die neueren Arbeiten konzentrieren sich hierbei auf den 1,5 μm-Bereich.

Laserdioden (Kanten-Emitter) im NIR (800–950nm), die ständig verbessert werden, sind in einem breiten Leistungsbereich (bis zu kW) und mit sehr unterschiedlicher, dem Anwendungszweck angepasster Strahlqualität ebenfalls auf dem Markt.

Auch im Bereich der Lasersensorik wird dem VCSEL ein hohes Potenzial zugesprochen, doch sind die Kosten für einen breiten Einsatz in der Sensorik noch immer zu hoch.

Weiter offene Fragestellungen betreffen die Aufbautechnik insbesondere im Hinblick auf Wärmeabfuhr, Alterung und Abstimmbarkeit.

4.3.5 Fertigungstechniken und Technologien

Aus technologischer Sicht ist die Mikrooptik noch immer dadurch gekennzeichnet, dass sich entsprechende Entwicklungen überwiegend spontan vollziehen. Die Produkt- bzw. Systemvielfalt ist noch so umfangreich, dass schlüssige Roadmaps nur in wenigen Spezialgebieten verfügbar sind. Eine Standardisierung von Prozessen, wie man es von der klassischen Silizium-Elektronik her kennt, gibt es daher noch nicht. Sie muss aber insbesondere vor dem Hintergrund der überall notwendigen Kostensenkung angestrebt werden.

Heutige Aufgaben im Bereich der Technologieentwicklung konzentrieren sich immer wieder auf die Entwicklung von effizienten Verfahren für das Prototyping, auf die Einführung von kostengünstigen Verfahren für eine Massenfertigung von mikrooptischen Komponenten und ihre Umsetzung in eine industrielle Produktion.

Hochaktuell ist heute auch die Weiterentwicklung der Optik für die Mikrolithographie. Diese ist zwar kein unmittelbares Gebiet der Mikrooptik, ist aber mit den Mikrotechniken so eng verbunden, dass sie hier nicht ausgeklammert werden kann. Die erwartete weitere Verringerung der Wellenlänge bis in den Bereich von 11–14 nm (EUV) erfordert neue Optiken und Korrekturverfahren, für die wiederum mikrooptische Verfahren durchaus interessant werden können.

Die zukünftig in den Life Sciences große Bedeutung erlangenden Einzelmolekül- und Einzelzelldiagnosen, -manipulationen und -therapien bedienen sich schon heute sehr erfolgreich der optischen Pinzette (Tweezer) und des fs-Lasers als Werkzeuge. Weitere Verbesserungen durch mikro-opto-mechanische Komponenten sind zu erwarten.

4.4 Forschungsthemen, Aufgabenbereiche und Perspektiven der Mikrooptik

Trotz der großen Vielfalt von Themenbereichen in der Optik und Mikrooptik konzentrieren sich die aktuellen und heute bereits sichtbaren Forschungsaufgaben auf relativ wenige Querschnittsthemen, deren Lösungen ihrerseits in die unterschiedlichsten Anwendungen transportiert werden können.

4.4.1 Design & Modeling

Für das Design mikrooptischer Systeme spielt die Simulation eine immer entscheidendere Rolle, wobei es inzwischen essentiell ist, alle verfügbaren Methoden einsetzen und gegebenenfalls koppeln zu können. Daher müssen strahlenoptische und wellenoptische Modelle ebenso berücksichtigt werden wie feldtheoretische und quantenoptische Ansätze. Entscheidend für die tatsächlich zur Anwendung kommenden Verfahren ist stets die Abwägung zwischen Problemlösung, Optimierung und Rechenzeit.

Im Vordergrund wird zunehmend die Ganzheit der Kette von der Konzeption über das Design bis zur Fertigung und Charakterisierung/Test stehen. Drei Aspekte werden dabei zukünftig entscheidend sein: fehlertolerantes, fertigungsangepasstes und kostenminimierendes Design.

Neben der Berechnung klassischer „Strahlengänge" müssen heute auch die Applikationen mit erfasst werden. Das schließt z.B. auch Farbmanagement und physiologische Wirkung optischer Aufbauten ein. Ein gutes Beispiel dafür ist die Simulation von Raumbeleuchtungen, für die sich z.B. durch den Einsatz von flächigen OLEDs völlig neue Möglichkeiten ergeben können.

4.4.2 Von „flachen" und „tiefen" Optiken

Hochaktueller Gegenstand der Optikforschung ist die Ausweitung der mikrooptischen Möglichkeiten in größere und kleinere Dimensionen. Der Einsatz von Nanostrukturen zur Oberflächenvergütung von konventionellen „Makro"-Optiken (z.B. als Entspiegelung) ersetzt heute schon für spezielle Anwendungen die üblichen Beschichtungstechniken. Aber auch mit photonischen Kristallen werden Eigenschaften der Nanowelt z.B. für Lichtleitereffekte gezielt ausgenutzt.

Die Verwendung von mikrooptischen Fresnell-Linsen in großflächigen Anwendungen („flache" Optiken; bis 100 m Durchmesser für Raumfahrt-Anwendungen) aber auch die Korrektur bzw. Anpassung von konventionellen Optiken mit Hilfe von mikrooptischen Methoden befinden sich in der Entwicklung („tiefe" Optiken).

Besonders interessant ist der Einsatz derartiger Techniken auf Freiformflächen. Ein angestrebtes Ziel ist die Entwicklung von mikrooptischen Elementen für die Strahlformung, z.B. aperturmodulierte Diffuser für den ultravioletten Spektralbereich.

Die hybride Integration von mikrooptischen Strukturen auf beliebige Oberflächen schließt natürlich auch die Lichtleitfaser ein und eröffnet interessante Möglichkeiten für den Aufbau mikrooptischer Bänke.

Die Entwicklung zu immer kleineren optisch wirksamen lateralen und tiefen Strukturen führt zum Vordringen der Mikrooptik

- in den UV-Wellenlängenbereich,
- in die Erzeugung von künstlichen effektiven optischen Eigenschaften (n, k) und
- in extrem miniaturisierte Bauelemente.

Grundlage dieser Entwicklung sind die Erhöhung der Packungsdichte, der Einsatz von Mikro-Wellenleiter und Mikroresonanzfilter und neue optische Bauelemente aus photonic-bandgap-Materialien. Voraussetzung dafür wiederum ist die Verfügbarkeit und die Modifikation von Lithographieverfahren der Mikroelektronik für die Optik.

4.4.3 Lithographie und Strukturierungstechniken

Die Grenzen der heutigen Halbleiter-Lithographie sind weitgehend ausgereizt, so dass derzeit der Übergang von 248 nm auf 193 nm und nachfolgend auf 157 nm Wellenlänge erfolgt, um auch 100 nm Strukturen industriell herstellen zu können. Eine weitere Verringerung der Wellenlänge in den „extreme UV"-Bereich (EUV) auf unter 100 nm (2007) bis hinunter auf 11–14 nm wird folgen. Damit soll die kleinste Strukturgröße auf Halbleiterwafern bis zum Jahr 2015 auf 35 nm reduziert werden können. Für diese Schritte ist jedoch neben der Entwicklung geeigneter Strahlungsquellen auch die Entwicklung einer Spiegeloptik erforderlich, die voraussichtlich auf mikrostrukturierten Metall-Silizium-Schichtsystemen basieren wird.

Zur mikroskopischen Inspektion solcher Strukturen, aber auch für die Untersuchung von Molekülen (z.B. DNA) oder zukünftiger optischer Speicher mit pitch-Dimensionen im 10 nm-Bereich werden neue mikroskopische Verfahren benötigt. Geeignet dafür ist die *SNOM*-Technik (Scanning Nearfield Optical Microscopy) mit einer Auflösung derzeit bis zu 30 nm aber leider nur sehr geringem Kontrast. Die Weiterentwicklung der Nahfeldtechniken hat für optische Speicherung ebenso Bedeutung wie für Inspektion und Life Science.

Neben der Entwicklung von Lithographieverfahren für feinste planare Strukturen tritt immer häufiger die Frage nach dreimensionaler Strukturierung auf. Schon seit einigen Jahren wird für die Herstellung von Gittern, Linsen etc. eine intensitätsmodulierte Variante der konventionellen Lithographie (Grauton-Lithographie) eingesetzt, bei der mit herkömmlichem Halbleiterequipment einfache dreidimensionale Strukturen in Fotolack erzeugt und in die darunter liegenden Schichten übertragen werden können.

Komplexere Strukturen werden mit Hilfe der Stereolithographie möglich. Dieses Verfahren ist jedoch bis heute durch die entstehenden Oberflächenrauhigkeiten und die noch zu groben Strukturen in den Anwendungsmöglichkeiten limitiert. Als Standardwerkzeug für eine Produktion ist die heute verfügbare Stereolithographie überdies zu langsam.

4.4.4 Replikationstechniken

Im Zuge der Entwicklung neuer Materialien und Produktionstechniken geraten Replikationstechniken für eine Massenproduktion immer stärker in das Blickfeld. Komplexe mikrooptische Systeme in Kunststoff lassen sich durch Spritzgusstechniken mit Strukturgenauigkeiten im µm-Bereich kostengünstig herstellen. Die Stückkosten können erheblich weiter gesenkt werden, wenn die Formnester größer werden (größer als 16). Mit Heißprägetechnik lassen sich flächige Mikrooptiken und insbesondere Fassungen und Motherboards mit der erforderlichen Präzision herstellen. Die Weiterentwicklung für Gläser eröffnet aussichtsreiche Anwendungsfelder in den Life Sciences. Mit dem UV-Replikationsguss wird die für anspruchsvolle mikrooptische Systeme (z.B. in der Informations- und Kommunikationstechnik) geforderte Präzision bis zu Sub-µm-Abmessungen erreicht. Insbesondere wird damit auch der Weg in die dritte Dimension eröffnet, da Stapeltechniken möglich werden.

Drucktechniken erlauben heute Strukturierungen bis in den Bereich von unter 100 nm Auflösung hinein, auch werden bereits beeindruckende Overlay-Genauigkeiten erreicht. Eine echte dreidimensionale Strukturierung ist mit diesen Verfahren aber nicht möglich, da nur die Übertragung flächiger Strukturen möglich ist. Allerdings wird von derartigen Techniken eine Einsatzmöglichkeit im Bereich der Nanostukturierung als Ersatz herkömmlicher Lithographieverfahren erwartet.

4.4.5 Optische Kommunikationstechnik

Neue Materialien, Technologien und Techniken

Forschungsthemen der optischen Kommunikationstechnik beziehen sich u.a. auf die Weiterentwicklung der verfügbaren Technologien, die heute die Palette der eingesetzten III/V-Halbleiter für Höchstgeschwindigkeitsanwendungen in Richtung auf GaN und InP erweitern. Neben der notwendigen Aufbautechnik steht die Hybridepitaxie von III/V-Materialien auf Silizium im Blickpunkt. Im Low-cost-Sektor spielen Polymere eine zunehmend wichtigere Rolle. Dies betrifft sowohl den Bereich der passiven Komponenten (Fasern, Mikrooptikarrays) als auch die aktiven Komponenten (Laser, Displays).

Im eher Vorfeld-orientierten Bereich der Nanotechnologien konzentrieren sich die Arbeiten auf die Untersuchungen der Einsatzmöglichkeiten von Quantum Dots und photonischen Kristallen.

Für die Systementwicklung spielen Fragen der Aufbautechnik eine wesentliche Rolle. Diese konzentrieren sich derzeit auf die Entwicklung einer optischen Motherboardtechnik. Integrierte Wellenleiterschaltungen, Mikrooptiken, zwei- und dreidimensionale Freiraumverbindungssysteme und der Einsatz von *MEMS*-Technologien sind dabei zentrale Fragestellungen.

Komponenten und Systeme

Die für die optische Kommunikationstechnik notwendigen Komponenten umfassen eine Vielzahl von photonischen und elektronischen Bauteilen. Fasern (Quarz und Polymere), Sender (Kanten-Emitter und *VCSEL*), Modulatoren, Empfänger, Verstärker, Dispersionskompensatoren, *WDM*-Filter, Wellenlängenumsetzer, Raumschalter, fs-Schalter, Regeneratoren, Speicher, Gatter (logische Funktionen) müssen unter systemoptimierten Gesichtspunkten in der richtigen Technik entwickelt werden, wobei sowohl aus technischen wie auch aus wirtschaftlichen Erwägungen heraus nicht immer den rein photonisch arbeitenden Bauteilen der Vorzug gegeben werden kann.

Eine Optimierung muss stets in Hinsicht auf das Gesamtsystem erfolgen, so dass auch Übertragungsverfahren, Modulationsverfahren, Netzstrukturen und Fragen des Netzmanagements in die Erwägungen einfließen.

4.4.6 Datenspeicherung

Neben dem für eine Erhöhung der Speicherdichte notwendigen Übergang auf kürzere Wellenlängen ist eine weitere Miniaturisierung der Lese-/Schreibköpfe für CD- und DVD-Laufwerke Gegenstand der heutigen Forschungstätigkeit.

Durch die voranschreitende Verkürzung der Such- und Zugriffszeiten muss u.a. die Masse des Lese/Schreibekopfes verkleinert werden. Forschungsfelder in diesem Zusammenhang sind:

- adaptive Optik,
- hybride Integration der optischen Komponenten,
- optische Komponenten in Kunststoff (Abformtechnik),
- kurzbrennweitige Kollimationsoptiken (Erhöhung der Apertur, Verkleinerung der Baulängen),
- Reflexionsoptiken,
- Mehrstrahl- und Mehrwellenlängenverfahren,
- Schicht- und Beschichtungstechnologie und
- Aktuatorik.

Primäres Ziel ist es, die Köpfe als mikrosystemtechnisches Subsystem aufzubauen und kostengünstig fertigen zu können. Technologische Herausforderungen sind:

- neue diffraktive Systeme (Strahlteiler, Polarisatoren etc.),
- Abformprozesse,
- Aufbautechniken für Mikrooptik etc.,
- neue Generationen des Gerätebaus unter Zuhilfenahme der Mikrotechnik,
- Datenbanken mit Materialdaten für Speicher,
- frühzeitiges Einbringen von Präparationsmethoden und Entwicklungsprozessen sowie
- die Anwendung kombinatorischer Methoden.

Für einen wirtschaftlichen Erfolg ist es notwendig, folgende technische Ziele zu erreichen:

- Verfügbarkeit eines blauen Lasers auf *GaN*-Basis mit hoher Strahlqualität und Zielkosten unter 10 US$,
- Verfügbarkeit von blauempfindlichen *Si*-Detektoren oder *BiCMOS-UV-OEICs*, Mehrschicht/Parallel *OEICs*,

- Blauverträgliche optische Komponenten höchster Präzision und Linsen mit $NA \geq 0{,}85$,
- optische Phasenmodulatoren für Aberrationskorrekturen und Steuerung,
- Entwicklung einer angepassten schnellen Ausleseelektronik,
- empfindlichere und schnelle Phase-Change-Materialien als Speichermedien und
- dazugehörige Beschichtungstechnologie.

Ein Handicap, immer wieder angesprochen von Materialforschern und Entwicklern, ist die noch immer unzureichende Spezifikation der benötigten Speichermaterialien. Anforderungen an die Speichermaterialien lassen sich so zusammenfassen:

- sehr hohe Reinheit,
- komplexe Struktur der Moleküle,
- extrem niedrige Schichtdickentoleranzen,
- hohe Langzeitstabilität, viele Lese-/Schreibzyklen,
- niedrige Herstellungskosten und
- neue Materialien für holographische und Fluoreszenzspeicher.

4.4.7 Informationsvisualisierung

In der Informationsvisualisierung (Displays, Projektionstechniken, Drucktechnik, fotografische Techniken) ist derzeit zu erkennen, dass optische Technologien zunehmend Einzug halten oder sich aus Gründen höherer oder neuer Gebrauchseigenschaften Marktanteile zu Lasten traditioneller Techniken erobern. Dazu gehören neben den organischen Displays vor allem reale und virtuelle digitale Projektoren, die auf hochentwickelten konventionellen Weißlichtquellen, mechanisch das Farbmanagement gewährleistenden Anordnungen und einer Bildgebung mit Mikrospiegelarrays (DMD) bzw. LCoS-Arrays beruhen. Das Anwendungsspektrum reicht (zumindest potenziell) von der Großprojektion bis zur Datenbrille und umfasst als Spezialfall auch die Laserprojektion.

Das gesamte heute absehbare Anwendungspotenzial lässt sich derzeit nicht ausschöpfen, weil preiswerte

- miniaturisierte RGB-Quellen auf LED- und Laser-Basis,
- miniaturisierte Strahlformoptiken, Strahlscanner, Multistrahlteiler, Modulatoren und adaptive Optiken sowie
- miniaturisierte Abbildungsoptiken (Datenbrille)

mit ausreichender Performance fehlen.

4.4.8 Aktive, organische Komponenten

Organische Materialien werden zunehmend auch als aktive Komponenten in der Mikrooptik eingesetzt. OLEDs sind, obwohl noch lange nicht ausgereift, bereits in der Phase der Markteinführung. Bei weiteren Fortschritten in der Quantenausbeute ist auch ein Einsatz in der Beleuchtungstechnik denkbar, der heute noch wegen der im Vergleich zur normalen Glühlampe nur halb so guten Lichtausbeute auf Spezialanwendungen beschränkt ist. Die theoretischen Grenzen erlauben bei Weißlicht eine Steigerung der Lichtausbeute um den Faktor 20 gegenüber einer konventionellen Glühbirne. Selbst eine Leuchtstoffröhre kann noch um den Faktor 2 übertroffen werden.

Bei organischen Lasern sind entscheidende Durchbrüche in der elektrischen Anregung erzielt worden. Verschiedene organische Substanzen auf einem SiO_2-Gitter lassen verschiedenfarbige Laser-Emissionen zu.

Organische Solarzellen erlauben Wirkungsgrade bis zu 10 % und sind dadurch durchaus konkurrenzfähig zu vielen anorganischen Varianten. Interessant ist insbesondere die Gesamtenergiebilanz, da zur Herstellung von organischen Solarzellen nur Bruchteile der Energie benötigt werden, die für die Herstellung einkristalliner Solarzellen erforderlich sind.

Organische Materialien eignen sich hervorragend für optische Sensoren zur Bauwerksüberwachung (Feuchte, ph-Wert, Chloride, Sulfate). In Verbindung mit einer vollpolymeren Low-Cost-Elektronik erschließt sich den organischen Mikrooptik-Komponenten nach übereinstimmender Einschätzung ein riesiger Markt.

Derzeit wird weltweit versucht, die fertigungstechnischen Fragestellungen zu beantworten, sowie die Alterungs- bzw. Degradationsproblematik zu lösen. Fertigungstechnische Untersuchungen fokussieren sich zunehmend auf eine Fertigung im Durchlauf (Rolle zu Rolle = r2r) und auf die Anwendung von Replikationsverfahren, da eine Adaption der konventionelle Halbleiter-Fertigungstechnik allgemein als unwirtschaftlich angesehen wird. Materialuntersuchungen konzentrieren sich auf eine Verbesserung der elektrischen und optischen Eigenschaften, sowie auf eine Erhöhung der Degradationsstabilität.

4.4.9 Lasertechnik

Als Schlüsselkomponenten für optische Nachrichten- und Vermittlungssysteme gelten abstimmbare Laserdioden. Speziell mikromechanisch abstimmbare VCSELs sind derzeit ein international wichtiges Forschungsthema.

Noch ist eine Low-Cost-Massenproduktion von Lasern (Ausnahme: CD/DVD-Laserdioden) nicht möglich, da viele Fragestellungen der Aufbautechnik wie z.B. die Wärmespreizung sowie die Test- und Burn-In-Problematik noch ungelöst sind. Die Entwicklung neuer bzw. verbesserter III/V-Materialsysteme schreitet voran. InGaAs/GaAs werden zukünftig die Grundlage für preiswerte, langwellige Laserdioden liefern, Nitride werden die Basis für kurzwellige Laserdioden darstellen. Ziel ist die Entwicklung von Low-Cost-Lösungen für den Übertragungsbereich bis oberhalb 10 Gb/s.

Antimonid-basierten Lasern spricht man eine große Bedeutung für die Messtechnik und Sensorik im NIR- und MIR-Bereich zu. Vor allem fehlen aber single-mode high-speed low-cost Laserdioden. Hier steht insbesondere die Entwicklung einer anwendbaren Gassensorik im Mittelpunkt des Interesses.

Alle diese Materialentwicklungen werden wichtige Beiträge für eine breite Kommerzialisierung photonischer Mikrosysteme liefern.

4.4.10 Technologien für die strukturierte Optik/Mikrooptik

Der aktuelle Technologiebedarf ist gekennzeichnet durch die beginnende Nachfrage nach größeren Stückzahlen für Einzelapplikationen. Hier sticht insbesondere der Markt für CD/DVD-Leseköpfe heraus, wo bereits heute 400 Mio. Einheiten pro Jahr benötigt werden. Der Bedarf an Mikroobjektiven für Kamerasysteme in z.B. Handys wird für das Jahr 2002 auf 200 Mio. Einheiten pro Jahr geschätzt.

Großunternehmen sind an diesen Mengen noch nicht interessiert. Kleinere Unternehmen beherrschen die notwendigen Fertigungstechnologien (z.B. Präzisionsspritzguss) nicht. In Europa gibt es daher heute keine Unternehmen, die auf Anhieb in der Lage sind, kostengünstig in diesem Stückzahlenbereich zu fertigen. Verschärft wird die Situation durch fehlende Standards für Komponenten und Prozesse sowie durch fehlende Möglichkeiten für ein hochpräzises Prototyping von optischen Subsystemen.

Tabelle 1 gibt einen Überblick über die maßgeblichen Technologievarianten und die für die Zukunft bedeutsamen Arbeitsfelder.

4.4.11 Grundlagenforschung

Der Bereich der mikrooptischen Grundlagenforschung beschäftigt sich im Wesentlichen mit quantenoptischen Technologien („Atomoptik", „Quanten-Information"), deren Relevanz für einen Übergang in die angewandte Forschung bzw. eine industrielle Entwicklung frühestens in ca. 3–5 Jahren zum Tragen kommen wird. Zu der Grundlagenforschung gehören aber auch entscheidende Aspekte des unter Abschnitt 4.4.1 diskutierten Optik-Designs, denn es gibt noch kein universell einsetzbares Rechenverfahren zur Lösung der Maxwell-Gleichungen mit Randbedingungen. So müssen insbesondere auch für die Mikrooptik neue, dem Problem angepasste Näherungsverfahren entwickelt werden.

Neben den grundlegenden Fragen des Optik-Designs lassen sich dabei aus heutiger Sicht vier zentrale Themenbereiche definieren:

1. *Optische Kommunikation:*
   Zentrales Thema für die optische Kommunikation ist die Entwicklung von quantenoptischen Komponenten zur sehr schnellen optischen Signalverarbeitung. Hierzu zählen u.a. optische Verstärker und quantenoptische Signalregeneratoren, die eine Rauschunterdrückung und damit eine Verlängerung der optischen Übertragungsstrecken zulassen, ohne dass eine aufwändige Wand-

Tabelle 1. Maßgebliche Technologievarianten und bedeutsame Arbeitsfelder

Technologiefelder	*Arbeitsfelder für die Zukunft*

1. Massenfertigung
• Replikation
  – Spritzgießen
  – Heißprägen
  – UV-Reaktionsguss
  – Nanoimprint
	• neue Materialien
	• Kombination versch. Materialien
	• Kombination und Integration mit Elektronik
	• künstliche Materialien
	• AVT (wafer scale integration)

• Automatisierte Montage	• präzise Drucktechniken (Offset, *r2r*)

• Photo- und Elektronenlithographie
  – binär
  – multilevel
  – analog
	• Qualifikation für kurze Wellenlängen
	• Lithographie auf topologischen / stark gekrümmten Oberflächen
	• Maskenmaterialien für Grautonlithographie
	• Spezielle Ätztechnologien
	• 3D-Techniken

• Inonenaustausch	
• Mikroglasbearbeitung	

2. Mittlere Stückzahlen
• Photo- und Elektronenlithographie
  – binär
  – multilevel
  – analog
	• neue Materialien
	• Kombination versch. Materialien
	• Kombination und Integration mit Elektronik
	• künstliche Materialien
	• AVT (wafer scale integration)

• Serielle Technologien	• AVT für Anwendungen bei höheren Temperaturen
• Beschichtungstechniken	
3. Kleine Stückzahlen und Prototyping *(teilweise wie unter 2.)*	• neue Materialien • Kombination versch. Materialien • Kombination und Integration mit Elektronik • künstliche Materialien • angepasste AVT • Rapid-Prototyping-Techniken

lung in elektrische Signale notwendig wird. Man rechnet damit, dass die Grundlagenentwicklung in den nächsten 3–5 Jahren in eine Anwendungsentwicklung überführt werden kann und dass in knapp 10 Jahren quantenoptische Verstärker industriell gefertigt werden können. Parallel dazu müssen die Grundlagen für rein optische Netzwerke erforscht werden.

2. *Quantenkommunikation:*
Aktuelle Entwicklungen in der Quantenkommunikation beziehen sich derzeit auf kryptographische Verfahren, deren Überführung in die Anwendungsentwicklung in ca. drei Jahren erwartet wird. Weitere Arbeiten zur quantenoptischen Kommunikation befinden sich noch im tiefen Grundlagenstadium und werden erst um das Jahr 2020 eine Industrierelevanz haben.

3. *Interferometrie / Lithographie:*
Auch quantenoptische Lithographieverfahren, die unter Nutzung sog. „verschränkter Zustände" eine effektive Halbierung der verwendeten Lichtwellenlänge und damit eine entsprechende Auflösungsverbesserung erlauben, befinden sich noch in der Grundlagenentwicklung. Sie werden frühestens in 5–10 Jahren interessant für eine Anwendungsentwicklung.

4. *Quanten-Computing:*
Ein weiteres, häufig angesprochenes Thema ist das Quanten-Computing. Auch diese Thematik befindet sich noch im Grundlagenstadium und ist für eine industrielle Nutzung auf absehbare Zeit nicht relevant.

4.5 Leitthemen zum Oberbegriff „Photonische Mikrosysteme"

Die andiskutierten Themen und Visionen lassen sich unter der gemeinsamen Überschrift „Photonische Mikrosysteme" zusammenfassen, denen fünf große Themenbereiche („Leitthemen" bzw. „Flagship"-Projekte) zugeordnet werden können, die im folgenden erläutert werden.

4.5.1 Technisches Sehen

Für die optische Informations- und Kommunikationstechnik werden heute schon miniaturisierte, gut auflösende Kameras für Handys der nächsten Generation entwickelt und gefertigt. Eine weitergehende Zielstellung ist die extrem flache CMOS-Kamera für „smart cards". Unter Nutzung aller Vorteile der CMOS-Technologie sollen mit Hilfe flacher mikrooptischer Objektive vollständige Kameras in Smart Cards von weniger als 1 mm Dicke untergebracht werden.

Um weitere Fortschritte in der Materialentwicklung, den Life Sciences, der weiteren Miniaturisierung in der Elektronik und der Nanotechnologie zu ermöglichen, ist die Entwicklung neuer Verfahren der optischen Mikroskopie unverzichtbar. Wesentliche Entwicklungsansätze wie konfokale Mikroskopie, Nahfeldmikroskopie und -spektroskopie bis hin zu Arrayanordnungen solcher

Systeme müssen konzeptionell, experimentell, technologisch und fertigungsangepasst weiter verfolgt werden.

Die Aufgabenstellung dieses Leitthemas besteht primär in Design, Simulation und Fertigung z.B. einer Smart-Card-Kamera zu Kosten im Bereich von weniger als 10,– EUR.

4.5.2 Displaytechnik

Organische Displays (OLED-Technik) für Informationswiedergabe aber auch „smart illumination"-Anwendungen verlangen die Beherrschung der OLED-Technik, gekoppelt mit der Ansteuerelektronik (ebenfalls auf Polymerbasis) für den Massenmarkt. Die Herausforderung für die Mikrosystemtechnik besteht in einem fertigungsangepassten Design und einer sehr kostengünstigen Fertigungs- (z.B. Rolle-zu-Rolle ($r2r$)) und Aufbautechnik.

4.5.3 Datenbrille

Head-mounted Displays haben sich inzwischen zu Datenbrillen weiterentwickelt, die aber für medizinische (minimal invasive Chirurgie) und technische (Service und Montage) Anwendungen noch völlig unbefriedigende Eigenschaften aufweisen. Auch für den Consumermarkt sind die verfügbaren Lösungen noch weit entfernt von der notwendigen Marktreife und einem akzeptablen Preis. Von technischer Seite liegen die Herausforderungen an Forschung/Entwicklung in Konzeption, Design und Simulation, in einer kostengünstigen *AVT* und in der Dateneinkopplung.

4.5.4 Optische Kommunikationstechnik

Weltumspannende optische Kommunikationssysteme, die zukünftig bis zum Teilnehmer reichen werden, sind Basis für das Breitband-Internet. Die wirtschaftliche Entwicklung eines Landes hängt entscheidend von der Leistungsfähigkeit dieser Kommunikationssysteme ab. Die Ausweitung der optischen Netze bis zum Teilnehmer und der zunehmende Einsatz der optischen Übertragungstechnik in Geräten bis hin zum Einsatz in Verkehrsmitteln führen zu einem wachsenden Massenmarkt. Im Vordergrund stehen Verfahrensentwicklungen für eine low-cost-Massenfertigung von Komponenten und für eine preiswerte Aufbau- und Verbindungstechnik. Schritte dahin führen über eine optische Motherboardtechnik mit neuer, angepasster Aufbautechnik.

Entsprechende Techniken sind aber auch für die oberen Netzhierarchien auszubauen. Neben einer Kostenreduktion stehen hierbei Entwicklungen zu photonischen Mikrosystemen mit neuen Funktionalitäten im Hinblick auf eine extrem breitbandige Übertragung und auf optische Schalteinrichtungen im Vordergrund.

4.5.5 Optische Sensorik

Berührungslose optische Nachweistechnik beginnt weltweit in den Markt dadurch einzudringen, dass über den Einsatz von *LED* und *LD/VCSEL* – kombiniert mit hybrid integrierten mikrooptischen Systemen – robuste und zuverlässige, an raue Umgebungsbedingungen angepasste optische Sensoren entwickelt werden können. Die Weiterentwicklung sehr kostengünstiger Fertigungsverfahren mit einem Minimum von Montageschritten, fertigungsangepasstes Design und eine Kombination von Mikrooptik, Mikromechanik und Mikrofluidik ermöglichen die Fertigung von optischen Sensoren in mittleren Stückzahlen auch in kleinen und mittleren Unternehmen.

4.6 Produktvisionen

Mikrooptische Produktvisionen sind weitgefächert, da die Photonik, ähnlich wie die gesamte Mikrosystemtechnik, auf Komponentenbasis in andere Bereiche und Branchen eindringt und diese so entscheidend mitprägt. Photonische Produktvisionen umfassen daher die Vielfalt der Messgeräte, insbesondere natürlich Mikroskope im weitesten Sinn, Sensoren, optische Speicher, LEDs, OLEDs, Laser, VCSELs, Displays, Beleuchtungen aller Art, aber auch alle anderen für die optische Datenübertragung notwendigen Devices wie Modulatoren, Demodulatoren, Multiplexer, Demultiplexer, optische Schalter etc.

4.6.1 Kommunikation

Auf dem Gebiet der optischen Kommunikationstechnik wird eine erhebliche Steigerung der Leistungsfähigkeit optischer Netze angestrebt. Die Realisierung einer optischen Raumvermittlung bis hin zur optischen Paketvermittlung ist erklärtes Ziel, wobei die heute noch nicht berührten Fragestellungen eines optischen Netzmanagements beantwortet werden müssen. Grundvoraussetzungen für ein Erreichen dieser hochgesteckten Ziele ist eine erfolgreiche Systemoptimierung, um die für den jeweiligen Anwendungsfall beste Kombination von Optik und Elektronik aufbauen zu können, sowie eine drastische Kostensenkung durch neue Materialien und Technologien, um eine entsprechende Massenproduktion zu erreichen. Erklärtes Ziel ist der optische Transceiver für 1,– EUR und Übertragungsgeschwindigkeiten von 150 Mb/s im privaten und n × 10 Gb/s im geschäftlichen Umfeld.

Das sind die Grundvoraussetzungen für eine flächendeckende Einführung der optischen Anschlusstechnik bis ins Haus bzw. Büro, aber auch für die optische Verbindungstechnik auf Rack-, Board- und Chipebene, wobei letzteres im Rahmen eines 10-jährigen Zeithorizontes realisiert werden soll.

4.6.2 Datenspeicherung

Im Fokus des Interesses stehen optische Plattenspeicher (DVD, DVR etc.) und Volumenspeicher für Anwendungen in den Bereichen

- Video Recording,
- alle Disks in Consumer-Elektronik und Speichertechnik,
- Smart Card Technology (Credit-cards, Personal Cards im Medizinsektor, Security cards),
- Neural Networks,
- Qualitätskontrolle und
- Biometric Verification Technology.

Nach Ausreizen der „Blue Disk" rechnet man mit einem Übergang zur „Near Field Technology". Die DVD-Roadmap spricht von numerischen Aperturen von 1,5–2, bei Wellenlängen von 405 nm und Speicherkapazitäten von mehr als 150 GB im Jahr 2008. Basis dafür ist die Flying Head- oder Winchester Drive-Technology, wie sie heute in den magnetischen Festplatten Stand der Technik ist. Die Koppeloptik fliegt dabei in einem Abstand von 5–30 nm über der Diskoberfläche.

Die für eine Realisierung notwendigen Grundlagen liegen in der Entwicklung bzw. Verfügbarkeit von

- kostengünstigen, hochwertigen Mikrooptiken,
- Phasenmodulatoren,
- Nahfeldsonden,
- steuerbaren Elementen (Autofokus, Tracking) und
- Strahlaufbereitungsmöglichkeiten.

Kandidaten für grundsätzlich andere Aufzeichnungsmethoden als heute üblich sind holographische und Fluoreszenz-Speicher. Bei beiden Speicherformen ist insbesondere die Materialfrage, teilweise aber auch die Mikrooptikrealisierung, offen. Man erwartet hier entscheidende Fortschritte aus dem Bereich der organischen Materialien.

4.6.3 Lasertechnik

Aus dem mikrosystemtechnischen Blickwinkel sind Laserradarsysteme für die Robotik und Messtechnik besonders interessante Produktvisionen. Neben entsprechenden Lasern bilden Mikrospiegel-Devices bzw. LCoS-Matrizen das Kernstück optischer Scanner mit projektierten Reichweiten von 10–100 cm und Auflösungen von besser als 1 μm. Anwendungsfelder für derartige Produkte sind die dreidimensionale Erkennung von Personen und Gegenständen sowie zerstörungsfreie Testverfahren.

4.7 Bedeutung für die Industrie

Die deutsche Wirtschaft hat die Bedeutung der Photonik als branchenübergreifende Grundlage vieler moderner Entwicklungen erkannt und entsprechend reagiert. 1999 wurde die Deutsche Agenda „Optische Technologien für das 21. Jahrhundert" unter der Beteiligung verschiedener Wirtschaftsverbände und Wissenschaftler etabliert. Damit soll der beginnende Rückstand gegenüber den USA und Fernost zurückerobert werden. Dieses führte inzwischen dazu, dass ein Netzwerk aus Forschung und Industrie entstand, welches vom *BMBF* durch den Wettbewerb „Optec-Net" unterstützt wird.

Allein die Laserbranche boomt mit einem zweistelligen Wachstum. Ihr Umsatz soll weltweit bis zum Jahr 2013 auf 500 Mrd. US\$ wachsen. Ähnliche Entwicklungen werden auch für die anderen Teilgebiete der Photonik erwartet. Aufgrund der Struktur der deutschen Photonikbranche, die sich aus sehr innovativen kleinen und mittleren Unternehmen auf der einen Seite und etablierten Großfirmen auf der anderen Seite zusammensetzt, stehen die Chancen gut, dass der Standort Deutschland seine Position auf dem Photonik-Weltmarkt behaupten kann.

Zentrale Themen für Erhalt und Ausbau der existierenden Marktposition sind:

- konsequente Weiterführung der Miniaturisierung,
- Integration von Elektronik und Optik sowie
- Optimierung der gesamten Systemintegration.

Problematisch erscheinen aus heutiger Sicht die in der Regel noch immer zu kleinen Stückzahlen bei gleichzeitiger enormer Produktvielfalt. Dieses verhindert die für eine kostengünstige Fertigung dringend notwendige Standardisierung. Killerapplikationen sind bislang nicht erkennbar. Folge davon ist eine abwartende Haltung der Großindustrie, was zwar innovativen Ansätzen kleiner Unternehmen und Startups den Weg erleichtert, eine signifikante Kostenreduzierung durch moderne Massenproduktion jedoch verhindert.

Andererseits überschreiten die in Teilbereichen dennoch wachsenden Stückzahlen in Einzelfällen bereits die Kapazitäten kleiner Unternehmen. Hier ist es dringend erforderlich, Produktionsverfahren zu entwickeln, die es diesen Unternehmen gestatten, kostengünstig auch noch mittlere Stückzahlen fertigen zu können. Speziell die mangelnde Beherrschung zentraler Fertigungsverfahren für eine Massenproduktion von Spritzgussteilen oder Kunststofflinsen birgt die Gefahr in sich, dass Chancen für den Standort Deutschland nicht genutzt werden können. Die Einführung neuer Technologie und die dafür notwendige Risikobereitschaft muss dringend unterstützt werden.

4.7.1 Kommunikatonstechnik

Im Bereich der optischen Kommunikation gibt es eine starke Industrie, die auch den Massenmarkt abdecken kann – sowohl bei den Großunternehmen als auch bei den KMUs.

Auf dem Gebiet der Wide Area Networks konzentrieren sich die Hauptaktivitäten in Deutschland auf die Unternehmen *Siemens*, *Lucent* (Kompetenzzentrum für 40 Gb/s), *Marconi* und *Alcatel*. Bei den Komponenten sind zu nennen *Infineon*, diverse Startups wie z.B. *u2t* (Ausgründung des *HHI*) und *Alcatel*, wobei letztgenanntes Unternehmen in *Deutschland* lediglich eine Entwicklungsabteilung unterhält.

Im internationalen Maßstab sind die *USA* und *Japan* sehr stark, dennoch ist die Situation für deutsche Unternehmen stabil. Ein Entwicklungsrückstand ist in Europa nicht zu verzeichnen (Ausnahme: Mikrospiegelarrays, *LCoS*), nennenswerte Marktanteile im außereuropäischen Raum konnten aber bisher nicht erobert werden.

Das erreichbare Marktvolumen ist gigantisch, allein im Bereich der optischen Schalter geht man von 20 Mrd. US$ im Jahr 2004 aus. Weitere Umsatzimpulse erwartet man von den durch *UMTS* möglichen Zusatzoptionen im Mobilkommunikationsmarkt. So wird der Bedarf an Kleinstobjektiven für in Handys integrierte Kameras auf 200 Mio. Einheiten im Jahr 2002 abgeschätzt.

4.7.2 Datenspeicherung

Im Bereich der optischen Datenspeicherung konnten sich auch europäische Unternehmen einen Marktanteil sichern, allen voran *Thomson Multi Media*, die *European Space and Defense Agency*, *Orga Karten AG*, *Jenoptik* und *Carl Zeiss*. Daneben gibt es strategische Allianzen unter europäischer Beteiligung wie *Philips / Sony* und *Thomson / Nokia*.

Ein Defizit besteht im europäischen Raum bei Unternehmen, die in der Lage sind, eine Massenherstellung im mittleren Stückzahlbereich zu übernehmen. Ein Beispiel ist die kostengünstige Polymerfertigung für Linsen und Leseköpfe von DVD-Playern, bei denen man derzeit mit einem Bedarf von 300–400 Mio. Stück pro Jahr allein für die heute übliche „rote" DVD rechnet. Dieses ist ein für den Mittelstand durchaus interessantes Marktsegment.

Die herausragende wirtschaftliche und technische Bedeutung der Speichertechnologie lässt sich aus den Hardwareinvestitionen der Informationstechnologie für das Jahr 2000 erkennen. Man schätzt, dass etwa 70–80 % dieser Investitionen in die Speichertechnologie fließen. Die optische Speichertechnologie nimmt hier eine führende Stellung bei den Wechselmedien ein. Sie wird aber sehr schnell auch in den Bereich der heutigen Hard-Disks vordringen, wenn diese das superparamagnetische Limit erreicht haben.

Aufgrund der sehr hohen wirtschaftlichen Bedeutung sollte in diesem Bereich das gesamte Themenspektrum am Standort Deutschland bearbeitet werden. Wegen der sehr kurzen Innovationszyklen ist eine enge Zusammenarbeit von Hochschulen, Forschungseinrichtungen und Industrie erforderlich.

4.7.3 Informationsvisualisierung

Der Markt für die Informationswiedergabe (Visualisierung) ist groß, aber relativ stark segmentiert (Drucktechnik, Photofinishing, reale und virtuelle Projektionstechnik wie Digitalprojektion, holographische Bildschirme und Datenbrille). Im Rahmen verfügbarer Kompetenzen deutscher Firmen bestehen gute Chancen, Marktpositionen auszubauen (aktiv in diesem Markt sind *Carl Zeiss, Schneider LDT, Heidelberger Druckmaschinen, Agfa*, etc.). Für die Mehrzahl jetzt anlaufender sowie für alle zukünftigen Produkte werden mikrooptische Systeme benötigt, u.a.

- miniaturisierte *RGB*-Quellen auf LED- und Laser-Basis,
- Strahlformoptiken, Strahlscanner, Multistrahlteiler, Modulatoren, adaptive Optiken und
- miniaturisierte Abbildungsoptiken (Datenbrille).

4.7.4 Organische Komponenten

Mit den organischen Displays hat die Markteinführung eines ersten organischen Devices begonnen. Allgemein wird erwartet, dass OLEDs signifikante Marktanteile des LCD-Markts erobern können. Wenn auch weder in Deutschland noch in Europa die Displaytechnik auf breiter Front etabliert ist, so gibt es doch eine Reihe von bemerkenswerten und zukunftsträchtigen Aktivitäten, die zur Keimzelle einer neuen europäischen Displaytechnik werden können: *Siemens* und *Philips* bemühen sich verstärkt um eine Etablierung der OLED-Technologie, wenn auch wesentliche Teile der Aktivitäten nicht mehr am Standort Deutschland stattfinden. Die *OPTREX Europe AG* engagiert sich beim Aufbau einer deutschen Displayfertigung und neben verschiedenen Equipmentlieferanten gibt es mit *Covion* und diversen kleineren Unternehmen (z.B. *Syntec*) eine ausgezeichnete Expertise auf dem Materialsektor.

Ausgeweitet werden diese Anstrengungen derzeit insbesondere von den großen Unternehmen auch in Richtung auf eine organische Elektronik.

4.7.5 Technologien für die strukturierte Optik/Mikrooptik

Der mit derzeit auf 7 Mrd. US$ geschätzte Lasermarkt wird im Wesentlichen von Laserdioden für optische Kommunikations- und Speichertechnik dominiert. Ein für Deutschland wichtiges Segment sind Leistungslaserdioden als Pumpquellen sowie als Strahlquellen für Materialbearbeitung. Wesentlich für die Marktposition sind neben den Chipeigenschaften vor allem die Strahlformoptiken. Hier ist es das Ziel, gute Koppeleffizienzen bei hohen Leistungen (bis 5 kW) etc. zu erreichen. Dafür sind Linsen- und Linsenarray-Systeme in mittleren Stückzahlen erforderlich. Auf diesem Segment der Leistungslaserdioden sind mehrere deutsche KMU erfolgreich tätig (z.B. *Jenoptik Laserdiode, DILAS, unique m.o.d.e.*).

Weitere wichtige Anwendungen, jedoch nur mit geringen Stückzahlen aber dafür extremen Performance-Anforderungen sind

- optische Komponenten für 157 nm- und 13 nm-Lithographie (Homogenisierer),
- Hologramme (*CGH*) für Asphärenmessung in der Fertigung und
- Gitter für Hochleistungspulskompression (10^{12}–10^{15} W, fs).

4.7.6 Optische Sensorik

Mit der weiteren Miniaturisierung in der Optik dringen optische Nachweisverfahren vor. Applikationen aus der Mikrooptik wie z.B. die optische Maus führen zu vielfältigen Sensoranwendungen im Maschinenbau und der Fertigungstechnik. Gleiches gilt für die Inspektionsmethoden der Mikroelektronik. Deutsche Unternehmen im Maschinenbau beginnen, dieses Potenzial zu nutzen.

Die Entwicklung von Lab-on-a-Chip- und Point-of-Care-Technologien in medizinischer Diagnostik und Therapie verlangt mikrooptische Detektionssysteme. Optische Nachweisverfahren sind schon jetzt aus der Medizin nicht mehr wegzudenken. Beispiele dafür sind Reader in der chipbasierten Diagnostik und neue endoskopische Systeme (geringste Durchmesser für Neurochirurgie, Hochtemperaturautoklavierbarkeit etc.). Durch einen Ausbau dieser Techniken können neue, kostengünstige Behandlungsverfahren eingeführt werden, was zu einer Entlastung des steigenden Kostendrucks im Gesundheitswesen führt.

5 Mikrorobotik
Herbert Reichl

5.1 Einführung und Charakterisierung des Themengebietes

Das als Untermenge der „Mikromechatronik" speziell betrachtete Feld der Mikrorobotik zeichnet sich insbesondere dadurch aus, dass es eine konsequente Weiterentwicklung des mikromechanischen Ursprungs der Mikrosystemtechnik darstellt. Dieses heute im Vergleich zu den anderen Gebieten noch eher visionär zu nennende Arbeitsgebiet ist damit einerseits Querschnittstechnologie, zum anderen aber auch Bindeglied zu Disziplinen wie den Informations- und Kommunikationstechnologien oder der Bionik. Andere, industrienahe Aspekte der Mechatronik bzw. Mikromechatronik, wie z.B. der Einsatz der Mikrosystemtechnik im Automobil wurden daher hier bewusst weitgehend ausgeklammert.

5.1.1 Vom „Smart Dust" zum Mikroroboter

Integrierte Schaltkreise zeichnen sich heute dadurch aus, dass bei kontinuierlicher Strukturverkleinerung die Leistungsfähigkeit und Funktionalität beständig wächst. Gleichzeitig sinken spezifische Leistungsaufnahme und Preis – Grundlage für eine schnelle Weiterentwicklung neuer Anwendungen in der Mikroelektronik. Ähnlich entwickeln sich die nicht-elektronischen Komponenten der Mikrosystemtechnik. Auch hier verringern sich Größe, Energieverbrauch und Preis kontinuierlich bei gleichzeitig wachsender Funktionalität. Neue Entwicklungen bei den Stromquellen (Dünnschichtbatterien, bzw. -akkus, Mikro-Brennstoffzellen, etc.) fügen sich nahtlos in diesen Trend ein.

Eine Kombination aller angesprochenen Eigenschaften in einem hochgradig miniaturisierten System mit einem Volumen von nur noch wenigen mm³ wird heute weltweit angestrebt. Unter den Bezeichnungen „Smart Dust", „Paintable Computer", „RF mote", „eGrain" etc. verbergen sich Entwicklungen von autonomen Sensor-Systemen, die – mit einer entsprechenden Sensorik, drahtlosen Kommunikationsmöglichkeiten und einer ausreichenden Stromversorgung ausgerüstet – für vielfältige Mess- und Überwachungsaufgaben, aber auch für spezielle Kommunikationsprobleme genutzt werden sollen.

Für eine Realisierung von derartigen Systemen sind noch eine ganze Reihe von Entwicklungsaufgaben zu lösen. So wurden bis heute noch keine Anforderungsprofile oder Spezifikationen für z.B. „eGrains" festgelegt und die Technologien für die erforderlichen adhoc-Netzwerke müssen verbessert werden. Beides ist aber notwendig, bevor der Schritt von den „eGrains" bzw. vom „Smart Dust" zu einer echten Mikrorobotik vollzogen werden kann. Dann ist „lediglich" noch die zusätzliche Ausstattung mit einer adäquaten Aktuatorik zu erbringen.

5.1.2 „Make Silicon Walk"

Die Idee vom „Smart Dust" hat einen ihrer Ursprünge an der *Universität Berkeley* und ist dort auch technologisch schon relativ weit entwickelt. Umgesetzt in Form von militärisch nutzbaren autonomen Sensoren ist diese Vorstellung bereits in der Praxis demonstriert worden. In der Größe von allerdings noch mehreren cm³ sind derartige „Motes" für etwa 200 US$ inzwischen kommerziell erhältlich. Sie sind ausgestattet mit einer 4 MHz CPU, 64 kB EEPROM, verfügen über sieben verschiedene Sensoren, ein verteiltes Betriebssystem und HF-Kommunikationsmöglichkeiten mit Reichweiten von bis zu 100 m. Mit einer handelsüblichen Mignon-Zelle (AA) liegt ihre Betriebsdauer bei etwa zwei Wochen.

In einem weiteren Entwicklungsschritt wird an einer optischen Datenkommunikation gearbeitet, die zwar erheblich weniger Energie, dafür jedoch die Integration von Aktuatoren in Form von steuerbaren Scannerspiegeln zur Ausrichtung der optischen Übertragungsstrecke benötigt. Ein vollständiger Laserscanner in der Größe von nur 8 mm³ wurde bereits hergestellt.

Die mikromechanischen Prozesse zu Herstellung der Scannerspiegel lassen natürlich weitere umfangreiche Anwendungen zu und zeichnen so den Weg zu einer Mikro-Robotertechnik klar vor. Ein Antriebsprinzip, das heute den Laserscanner bewegt, kann morgen mikromechanische Beine mit Abmessungen von wenigen Millimetern antreiben. Damit sollen Laufgeschwindigkeiten von ca. 1 mm/s erreicht werden.

Sicher sind diese an der *Universität Berkeley* bis jetzt durchgeführten Arbeiten noch in einem sehr frühen Stadium, und eine industrielle Anwendung ist noch nicht in unmittelbarer Sicht. Sie stellen jedoch die Weichen für die Entwicklung einer zukünftigen Mikrorobotik, zeigen neue Bewegungs- und Antriebsprinzipien auf und generieren die Anforderungen für zukünftige Aufbau- und Integrationstechnologien.

Ergänzend zu diesen rein siliziumorientierten US-Arbeiten sind aber auch hybrid integrierte „walking" and „flying insects" aus *Deutschland* (IMM), der *Schweiz* (EPFL) und aus *Japan* zu nennen, wie sie z.B. auf dem jährlich veranstalteten „Micro robot maze" im Rahmen der „Micromechatronic and Human Science" in *Nagoya* zu sehen sind. Hybridintegrierte Mikroroboter übertreffen heute ihre „Verwandten" aus Silizium sowohl hinsichtlich Leistung-/Masseverhältnis als auch in der Miniaturisierung – nicht aber hinsichtlich ihrer gesamtheitlichen Intelligenz.

5.1.3 „How to use MEMS in Micro-Mechatronics"

Mit der klassischen Mikromechanik wurde es vor ca. 20 Jahren erstmalig möglich, neben elektronischen Bauteilen auch mechanische Komponenten aus Silizium zu fertigen. Dabei stellte sich heraus, dass dieses Material im Mikrometer-Bereich unter mechanischen Gesichtspunkten ein nahezu idealer Werkstoff ist. Schon frühzeitig war man daher bestrebt, mikromechanische Elemente mit Mikroelektronik zu kombinieren und auf diese Weise intelligente Sensoren (MEMS: Micro-Electro-Mechanical-Systems) zu bauen. Die ersten Ansätze mussten jedoch aufgrund der Prozess-Inkompatibilität zwischen der so genannten Bulk-Mikromechanik und der Mikroelektronik scheitern. Gelöst wurde dieses Problem durch die Entwicklung der Oberflächenmikromechanik, die eine monolithische Integration von Mechanik und Elektronik auf einem Silizium-Chip ermöglichte.

Zunehmend dringt heute auch die Ultrapräzisionsmechanik in den Mikrometerbereich vor, wobei die dort üblichen abtragenden Fertigungsverfahren teilweise mit übernommen werden. Im Bereich der „Micro Parts", d.h. der mechanischen Kleinstteile mit Mikrometer-Abmessungen vereinen sich inzwischen klassische Fertigungsverfahren und Methoden, die ihren Ursprung in der Halbleitertechnik und anderen Mikrotechnologien haben.

Mit der Integration rein mechanischer Einheiten, wie z.B. Stecker und der Einbindung der Aktuatorik (erst für kleine, später auch für mittlere Leistungen), war der Weg zur Mikromechatronik vorgezeichnet. Er konnte aber erst beschritten werden, nachdem die Systemintegration die Grundlagen dafür geschaffen hatte, Mikrosysteme in beliebige Anwendungen zu integrieren. Die heutige Mikromechatronik gestattet es, mikrosystemtechnische Komponenten in eine klassische mechanische Umgebung zu integrieren, mit Intelligenz auszustatten und ihnen damit eine weitreichende Funktionalität zu ermöglichen. Aber noch immer verlangen diese Technologien einen erheblichen Preis, der die Einsatzmöglichkeiten insbesondere für kleine und mittlere Stückzahlen einengt.

„*MEMS in Micro-Mechatronics*" bedeutet also den integrierten Einsatz von Sensoren, Aktuatoren und Mikroelektronik zur Überwachung und Steuerung oder zur Ablösung von komplexeren mechanischen Einheiten. Damit wird der Trend zur Dezentralisierung von Antriebssystemen – eindrucksvoll durch „x-by-wire" in der Automobil- und sogar schon in der extrem konservativen Luftfahrttechnik verdeutlicht – ermöglicht bzw. beschleunigt. „*MEMS in Micro-Mechatronics*" beinhaltet auch die integrierte Energieversorgung und erlaubt nicht zuletzt die Kommunikation des Gesamtsystems mit seiner Umgebung. Besondere Anforderungen an „*MEMS in Micro-Mechatronics*" resultieren dabei aus den Einsatzbedingungen, die z.B. einen Betrieb bei erhöhter Umgebungstemperatur erfordern oder eine Leistungsaktuatorik benötigen, die sich durch eine höhere volumenspezifische Antriebsleistung auszeichnet, als sich mikrotechnisch bislang realisieren lässt.

Mechatronische Mikrosysteme treten somit in vielfältiger Erscheinungsform auf: vom einfachen, busgekoppelten Device mit integrierter Überwachungsfunktion über drahtlos oder drahtgebundene ferngesteuerte Werkzeuge und Manipulatoren bis hin zum autark operierenden Robotersystem, wobei das „walking silicon" der Universität Berkeley nur einen der möglichen Ansatzpunkte für Antriebs- und Bewegungssysteme darstellt.

Typische industrierelevante Anwendungen sind die elektronische Zündkerze im Automobil, Werkzeuge für die minimal-invasive Chirurgie und Mikromanipulatoren für hochpräzise Justage- oder Montageaufgaben bis hin zum autarken Inspektionssystem für Rohrleitungen, wobei viele Design-Probleme aber noch nicht abschließend gelöst sind.

5.1.4 Mikromechatronik als interdisziplinäre Querschnittstechnologie

Die Weiterentwicklung mikromechatronischer Anwendungen bezieht in der Regel neueste Technologien ein. Handelte es sich anfangs nur um die Kombination von Elektronik und Mechanik auf kleinstem Raum, so erstrecken sich die Technologien zunehmend auch auf photonische Aspekte, auf Kommunikationstechnologien, auf den Einsatz anderer Aktuator- und Sensorprinzipien, auf die eigenständige Energiegewinnung und nicht zuletzt auch auf das Zusammenwirken vieler mikromechatronischer Systeme im Verbund. Dieses erfordert informatorische Überlegungen und Methoden für verteilte Systeme, legt aber auch die Adaption biologischer Prinzipien nahe. Speziell die Biologie kleiner Lebewesen bietet Ansätze für die Übertragung von Funktionsprinzipien auf die Konstruktion von mikromechatronischen Systemen, da sie unter Systemgesichtspunkten optimiert sind und an ihnen die dimensionsspezifisch interessanten physikalischen Effekte zur Wirkung kommen.

Gerade die in Richtung auf „Smart Dust" und Mikrorobotik weisenden Entwicklungen machen die Notwendigkeit der speziellen Betrachtung einer mechatronischen Mikrosystemtechnik deutlich und zeigen, dass die Mikromechatronik eine Querschittstechnologie innerhalb der Mikrosystemtechnik ist. Gleichzeitig stellt sie ein interdisziplinäres Bindeglied zwischen verschiedensten Hochtechnologien dar.

5.2 Gesellschaftliche Randbedingungen

Die visionäre Vorstellung von massenhaft in der Umwelt agierenden autarken Mikrorobotern wirft schon heute, weit im Vorfeld einer eventuellen industriellen Umsetzung, ein gravierendes Akzeptanzproblem auf: Es wird nur wenige Menschen geben, die widerspruchslos Heerscharen von autonomen und damit von der breiten Mehrheit nicht mehr kontrollierbaren Mikrorobotern hinnehmen werden, selbst wenn diese tatsächlich nützliche und sinnvolle Aufgaben erfüllen. Die Vorstellung von zahllosen, autarken Mikrorobotern entspricht einer Horrorvision, wie man sie eigentlich nur aus Science-Fiction Filmen kennt.

Ähnliche Probleme werden auch bei Diskussionen rund um den Begriff „Privacy" deutlich. Die Privatsphäre wird heute durch die voranschreitende globale Vernetzung zunehmend in Frage gestellt. Zurzeit ist diese Fragestellung sicher noch nicht akut, da die zunehmenden Überwachungsmöglichkeiten die zu analysierenden Datenvolumina noch schneller anwachsen lassen, als die Leistungsfähigkeit moderner Rechenanlagen zunimmt. Die Entwicklung intelligenter, autonomer Mikroroboter, die zumindest im militärischen Bereich zu Überwachungs- und Spionageaufgaben eingesetzt werden sollen, kann durch eine sinnvolle lokale Datenvorverarbeitung bzw. Datenfilterung diesen Trend aber durchaus umkehren und somit den Albtraum eines „Big Brothers" zur Realität werden lassen.

Eine weitere ungelöste Aufgabe betrifft die Zuverlässigkeit und Kontrollierbarkeit autonomer Systeme, wie es *Stanley Kubrick* in seinem Film „2001 – Odyssee im Weltraum" am Beispiel des außer Kontrolle geratenden Computers *HAL* sehr plastisch geschildert hat. Als Steuerungs- und Versorgungsroboter eines Raumschiffs entwickelte dieser „paranoide Persönlichkeitsstrukturen" und gefährdete die Mannschaft.

Für eine massenhafte Anwendung von Mikrorobotern in der häuslichen Umgebung müssen daher folgende Fragen untersucht und plausibel beantwortet werden:

- Wo liegen die Vorteile der „Kleinheit" für Alltagsabläufe ?
- Wie autonom können und dürfen derartige Mikroroboter in der unmittelbaren menschlichen Umgebung agieren?
- Kann die Sicherheit beim Einsatz von autonomen Mikrorobotern in der Gesundheitsvorsorge und der medizinischen Versorgung ohne Risiko für Gesundheit und Leben eines Patienten gewährleistet werden?
- Gibt es überhaupt zivile Anwendungen, die Mikroroboter im Sinne des „Walking Silicon" erfordern?
- Wie kann eine „Notabschaltung" erfolgen?
- Erste Antworten darauf wurden klar und deutlich gegeben.
- Autonome und aktiv freibewegliche Systeme, z.B. als Operationsroboter für den Einsatz im menschlichen Körper, sind aus Sicherheitsgründen zurzeit schwer vorstellbar. Obwohl es inzwischen erste passiv freibewegliche Mikrosysteme für den Magen-Darm-Trakt gibt (Kamerasystem mit Rundumblick), wird das Mini-U-Boot zur Entfernung von Ablagerungen in Blutgefäßen in absehbarer Zeit keine Chance für einen realen Einsatz haben. Trotz dieser Sicherheitsbedenken werden in anderen Ländern (z.B. *Japan*) die Grundlagen für derartige Entwicklungen bereits erarbeitet, so dass der Einsatz aktiv agierender Diagnoseroboter zumindest im Magen-Darm-Kanal nur noch eine Frage der Zeit sein dürfte.
- Der autonome Mikroroboter mit kleinsten Abmessungen im Haushalt wird wegen der zu erwartenden Akzeptanzprobleme ebenfalls eine Utopie bleiben. Derzeit ist kein Markt für ubiquitäre Systeme, die autonom und unkontrollierbar im privaten Bereich tätig sind, zu erkennen. Drahtlos gekoppelte, intelligente Sensorsysteme sind dagegen (mit Einschränkungen) kontrollierbar, zumindest aber eindeutig lokalisierbar und werden sich nach allgemeiner Auffassung daher erheblich leichter durchsetzen können.
- Eine Akzeptanz der Mikroroboter in breiten Schichten der Bevölkerung lässt sich nur erreichen, wenn eine Kontrollierbarkeit von autonomen Robotersystemen tatsächlich sichergestellt ist. Dies wird letztlich dazu führen, dass zwar die heutige Vorstellung im Sinne des „Walking Silicon" in dieser Form keine industrielle Anwendung finden wird, aber die auf dem Weg dahin entstehenden Lösungen für Teilaufgaben viele der heute noch offenen technischen Fragen beantworten werden und auf diese Art neue Anwendungsbereiche und Applikationen erschließen helfen.
- Sinnvolle Anwendungen von Mikrorobotern werden aufgrund der geringen Leistungsfähigkeit eines einzelnen „Microbots" nur dann realisierbar sein, wenn es gelingt, viele solche Mikroroboter kooperieren zu lassen. Derartige sog. „Schwärme" sind die Voraussetzung dafür, dass durch das Zusammenwirken kleiner Mikroroboter qualitativ neue funktionelle Eigenschaften erreicht werden.

- Diese eher skeptische Einschätzung „westlicher" Wissenschaftler zur Vision der Mikroroboter muss jedoch von einem anderen Kulturkreis nicht unbedingt geteilt werden, wie das Beispiel der in *Europa* zunächst nur Kopfschütteln auslösenden *Tamagochi* zeigt. Doch auch hierzulande haben folgende Generationen mit autonomen Robotern vielleicht ebenso wenig Probleme wie die heute junge Generation mit dem Internet. Es deutet sich heute bereits an, dass der Spielzeugmarkt einen wesentlichen Einfluss auf die Entwicklung mechatronischer Mikrosysteme haben wird.

5.3 State-of-the-Art in Produktion und Forschung

Die Mikromechatronik setzt evolutionär auf dem Ursprung der Mikrosystemtechnik, der Mikromechanik, auf und führt diese konsequent durch zunehmende Integration von Elektronik, Intelligenz, Sensorik und Aktuatorik in eine Entwicklung, an deren Ende die Vision vom autonomen Mikroroboter steht. Auf dieser zeitlichen Entwicklungsschiene lassen sich aus heutiger Sicht vier Abschnitte unterscheiden:

- Mechanische Mikrokomponenten („Microparts"),
- Mikromaschinen,
- Mikromontage und
- Mikroroboter.

Während die klassische Mikromechanik, gekennzeichnet durch rein mechanische Komponenten, bereits ihre Anwendungen gefunden hat, befindet sich der heutige Schwerpunkt der technischen Entwicklung im Bereich der Mikromaschinen und der Mikromontage. Der Blick auf die Mikroroboter ist dagegen noch visionär, doch gibt er bereits entscheidende Hinweise auf zukünftige Entwicklungsschritte und mögliche Anwendungen.

5.3.1 Mechanische Mikrokomponenten („Microparts")

Die klassische Mikromechanik als Ursprung der Mikromechatronik hat sich in den vergangenen Jahren in zwei unterschiedliche Richtungen entwickelt. Als Ultra-Präzisionsmechanik mit ihren mechanische Teilen wie Federn, Zahnrädern etc. bildet sie die Grundlage für hochgradig miniaturisierte Maschinen wie z.B. Mikromotoren, wird aber inzwischen auch zunehmend interessanter für moderne Fertigungstechniken, die eine hochpräzise Justierung von kleinen Komponenten erfordern.

Mechanische Mikrokomponenten findet man heute in der industriellen Fertigung von Präzisionsmechaniken wie Motoren, Getrieben, insbesondere auch in Uhrwerken mit äußeren Abmessungen von wenigen Millimetern und zunehmend in der Kameraindustrie. Entwicklungen des *Mainzer IMM* haben beispielsweise Eingang in die Motorenfertigung der Firma *Faulhaber* gefunden, die extrem miniaturisierte Elektromotore mit einem Durchmesser von nur 1,9 mm in ihrem Programm hat. Entwickelt wurden diese Mikro-Antriebsysteme für Anwendungen in der Medizintechnik, z.B. in den minimal-invasiven Diagnose- und Operationstechniken, der Mikrosensorik und der Lasertechnik, in Mikropumpen, Mikrogreifern sowie Mikroaktuatoren für die Mess- und Montagetechnik.

Mikromechanisch gefertigte Justierhilfen sind im Bereich der optischen Kommunikationstechnik unverzichtbar geworden. Mikromechanische Kippspiegel bekommen eine zunehmende Bedeutung als Schaltelemente in der Mikrooptik oder als Lichtventil in der Visualisierungtechnik (siehe auch Kapitel 4, „Mikrooptik", in diesem Band).

5.3.2 Mikromaschinen

Konventionelle Vorstellungen gehen davon aus, dass Mikromaschinen in der Regel verkleinerte Abbildungen ihrer makroskopischen Vorbilder darstellen. Diese Vorstellungen bleiben jedoch in einer Präzisionsmechanik verhaftet und führen zu großen Problemen in der Montagetechnik („Micro Assembly"). Dabei werden leicht jene Möglichkeiten und Methoden übersehen, die sich durch den Einsatz von Mikrotechnologien ergeben. Während „Mikromechanismen" in ihrem Zusammenwirken in der „Makrowelt" wirksam werden müssen, werden wiederum „Makromaschinen" auch „Mikro-Teilaufgaben" erfüllen können.

Über eine einfache Miniaturisierung herkömmlicher Konzepte hinausgehende Entwicklungen stützen sich überwiegend auf interdisziplinäre Ansätze. Die Kaskadierung von Aktuatoren, um auch mit Mikromodulen „Makro"-wege und „Makro"-kräfte zu erreichen, der Einsatz adaptiver Materialien oder die Entwicklung neuer Bewegungskinematiken ist Konzepten aus der Biologie nachempfunden. Noch relativ weit entfernt von roboterähnlichen Anordnungen verlassen derartige Lösungswege aber bereits die klassische Mechanik und erfordern einen erhöhten Stell- und Regelaufwand und damit eine integrierte und verteilte Intelligenz, wie sie für natürliche Konstruktionen typisch ist. Dieser mehrfache Integrationsaspekt wird in der deutschen Interpretation des Begriffes „Biomechatronik" deutlich.

Mechatronische Systeme mit integrierter, an Mechanik und Elektronik gebundener Intelligenz werden zunehmend biologische Prinzipien und Strategien nutzen. Dies gilt nicht nur für die Anwendung mechatronischer Produkte am oder im menschlichen Organismus (Medizintechnik) sondern darüber hinaus generell in lebenden Systemen (Organismen, biotechnologische Anlagen, natürliche Umwelt). Dafür ist die Ableitung von Entwurfsideen für intelligente, sich selbst anpassende Systeme aus biologischen Vorbildern im Sinne der Bionik notwendig.

Maßgebliche Vertreter der Mikromaschinen sind heute Systeme für medizinische Anwendungen: Endoskope, minimal-invasive chirurgische Werkzeuge, aber auch intelligente Implantate (Herzschrittmacher, Insulinpumpe etc.) gehören zu den Hauptanwendungen. Während die Implantate tatsächlich zunehmend intelligenter werden und die Entwicklung zum künstlichen Organ vorgezeichnet zu sein scheint (siehe auch Kapitel 3, „Life Sciences", in diesem Band), sind Endoskope und mikrochirurgische Werkzeuge noch reine Mikromaschinen, die vorrangig von außen gesteuert werden. Allerdings stellen die zum Antrieb genutzten Mikroturbinen oder auch elektromagnetische Antriebe durchaus anspruchsvolle mikromechatronische Subsysteme dar. Alternativen mit höherer Biokompatibilität der Energiewandlung werden in der Mikrohydraulik und Effektorik bei Gliedertieren – insbesondere Insekten und Spinnen – gefunden, deren Prinzip der Krafttransmission über graduell nachgiebige Strukturen im endoskopischen Instrumentarium höhere Patientensicherheit verspricht.

Weitere derartig konzipierte Systeme sind Augendruckregler und „Smart Pills", die zwar teilweise autonom agieren, von ihrem eigentlichen Wesen her aber lediglich intelligente Sensoren bzw. Aktuatoren sind.

5.3.3 Mikromontage

Heute in der Produktionstechnik eingesetzte Roboter sind im Hinblick auf die Montage oder die Justierung von Kleinteilen völlig überdimensioniert. Zwar arbeiten diese Maschinen sehr präzise, doch weisen sie durch ihre großen Massen (und das dadurch bedingte Trägheitsverhalten) für Aufgaben im Mikrometer- oder gar Nanometerbereich systembedingt gravierende Nachteile auf. Solche makroskopischen Roboter besitzen mit ihren extrem Drehmoment-starken Antrieben immer noch bessere Dynamiken als entsprechende Mikroroboter. Hinsichtlich des Bauraums sind die Makroroboter aber bereits heute ihren Mikrokollegen unterlegen. Und dieser wird z.B. in der Mikroelektronik-Fertigung zunehmend wichtiger.

Abb. 1. Planarer Parallel-Montage-Roboter „rmicabo f" des *IWF* der *Technischen Universität Braunschweig*

Vor diesem Hintergrund geht das Bestreben in der Produktionstechnik miniaturisierter Produkte dahin, auch das Produktionsumfeld und damit die gesamten Produktionsanlagen entsprechend zu miniaturisieren. Eine maßgebliche Entwicklungsrichtung der Mikromechatronik bzw. der Robotertechnik zielt somit darauf ab, entsprechende Montageroboter zu entwickeln, die in der Regel aus einer Reihe von einzelnen, parallel arbeitenden Einheiten bestehen.

Konventionelle, aus der Produktionstechnik stammende Mikromontage-Roboter beanspruchen einen Raum von einigen Kubikdezimetern (siehe Abb. 1), während ihr Arbeitsbereich jedoch relativ gering und auf wenige Kubikzentimeter beschränkt ist. Unter anderem als Antrieb verwendete Piezomotore können innerhalb dieses kleinen Arbeitsbereichs bei hohen Stellgeschwindigkeiten bis zu 200 mm/s Schrittweiten von 5 nm aufweisen. Entsprechende elektrische Linearantriebe kommen sogar auf Stellgeschwindigkeiten von bis zu 1 m/s. Damit lassen sich Positioniergenauigkeiten bis etwa 1 µm erreichen, wobei dieser Wert durch die zur Verfügung stehenden Messgeber sowie durch das mechanische Spiel der Gelenke begrenzt ist.

Alternative Konzepte für die Gestaltung von Gelenken basieren auf Vorbildern aus der Biologie. Die Nachbildung der Glieder von Organismen mit Innen- oder Außenskelett ermöglicht die Integration von Stoffschlüssigkeit, Formpaarung und Kraftführung und gewährleistet neben hoher Laufpräzision eine optimale Anpassung an die jeweilige Aufgabe.

5.3.4 Mikrorobotik

Die Ansätze der Mikrorobotik gehen noch einen Schritt weiter: Erst durch die eigene, aktive Fortbewegungsmöglichkeit wird z.B. aus einem Montage-"Automaten" ein echter Roboter. Im weiteren Verlauf soll daher der im allgemeinen Sprachgebrauch unscharf definierte Begriff des Mikroroboters auf Systeme eingegrenzt werden, die über die Fähigkeit zur aktiven Ortsveränderung verfügen, wobei die Versorgung aus einer eigenen Energiequelle angestrebt ist.

Die in Deutschland stattfindende Entwicklung im Bereich der Mikroroboter hat ihre Ursprünge direkt in der Mikroproduktion. Statt jedoch auf stationäre Lösungen mit hochpräzise verfahrbaren Werkzeugen zu setzen, sind Mikroroboter Werkzeugträger, die sich selbst fortbewegen können. Im vom *BMBF* geförderten Projekt „RobotMan" und dem EU-Projekt „MiniMan" werden zurzeit derartige smarte, mobile Werkzeuge zur Mikrohandhabung entwickelt, die kompakt, kostengünstig und flexibel an verschiedene Aufgaben angepasst werden können. Ein erstes Einsatzgebiet dieser Roboter ist die Manipulation von Mikrobauteilen unter dem Licht- oder Rasterelektronenmikroskop und das Handhaben von lebenden Einzelzellen.

Diese heute bereits existierenden Mikroroboter haben die Größe von einigen cm^3 und sind in der Regel piezoelektrisch angetrieben, verfügen jedoch nicht über eigene Energiequellen. Die angestrebte Mobilität, um größere Distanzen relativ schnell überwinden und vor Ort feinste Manipulationen mit verschiedenen Objekten durchführen zu können, ist dadurch eingeschränkt. Zudem sind diese Roboter noch nicht in der Lage, autonom zu agieren. Sie arbeiten ferngesteuert.

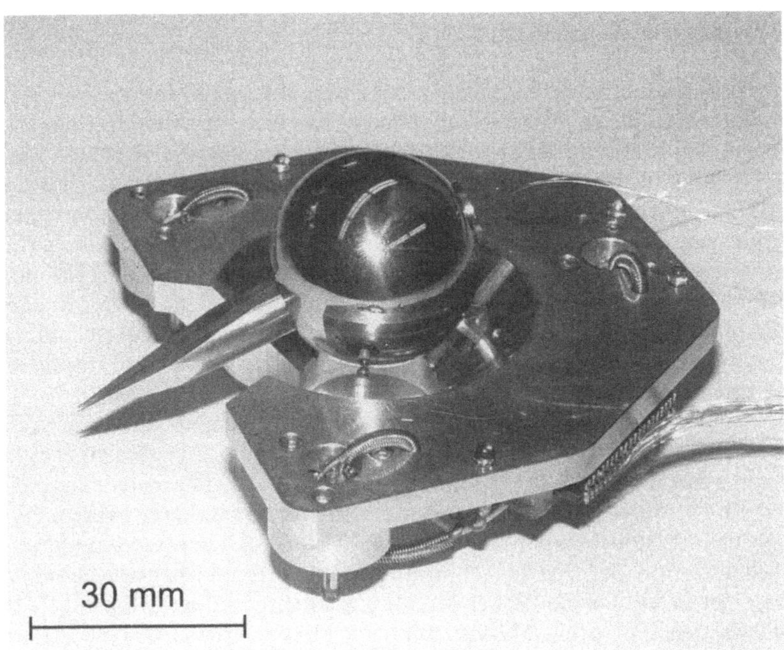

Abb. 2. Mikromanipulationsroboter „MiniMan" des *IPR* der *Universität Karlsruhe*

5.4 Forschungsthemen, Aufgabenbereiche und Perspektiven von Mikromechatronik & Mikrorobotik

Die im Workshop diskutierten Forschungsfelder sind im Folgenden entsprechend der in Abschnitt 5.3 vorgenommenen Einteilung des Themenfeldes „Mikromechatronik" geordnet, wobei der Bereich der klassischen Silizium- und *LIGA*-Mikromechanik ausgespart wurde. Das Kapitel gliedert sich demnach in die Überschriften

- Mechanische Mikrokomponenten,
- Mikromaschinen,
- Mikromontage und
- Mikroroboter.

Diese vier Schwerpunkte werden ergänzt um ein Kapitel „Materialien" sowie um den Entwurf einer Roadmap.

5.4.1 Mechanische Mikrokomponenten

Im Zuge der immer stärkeren Miniaturisierung auch konventioneller mechanischer Bauteile spielen Mikrokomponenten und ihre Herstellung eine zunehmende Rolle. Während anfangs die Silizium-Technologie und später auch die *LIGA*-Technik bei der Herstellung von Mikrobauteilen dominierten, hat sich die Palette der eingesetzten Fertigungsverfahren inzwischen deutlich erweitert. In der flexiblen Einzelfertigung findet man die klassischen abtragenden Fertigungsverfahren wie Drehen, Fräsen und Funkenerosion, die für Teile mit Abmessungen im Mikrometerbereich weiterentwickelt wurden. Bei der Massenfertigung gibt es dagegen Batch-Prozesse, die z.T. aus der Halbleitertechnik adaptiert wurden, für die inzwischen aber auch urformende und umformende Verfahren zum Einsatz kommen.

In den Vordergrund drängen dabei der Mikrospritzguss in Optik und Medizintechnik, sowie Prägeverfahren. Für die Formen- und Gesenkherstellung wird eine mechanische Präzisionsbearbeitung durch Mikroschleifen, Mikrofräsen und Erodieren mit Genauigkeiten im Nanometerbereich benötigt. Mechanische Präzisionsbearbeitung dient inzwischen auch in einigen anderen Teilbereichen wie z.B. der Displaytechnik zur direkten Oberflächenbearbeitung.

Das Einsatzfeld mechanischer Mikrokomponenten in der Mikromechatronik ist inzwischen sehr breit: Mikromaschinen, Mikroantriebe, Uhren, Düsen und auch mikrooptische Bauteile sind nur einige Anwendungsbeispiele.

Im Vordergrund der aus heutiger Sicht notwendigen Forschungsarbeiten stehen die Entwicklung von schnellen dreidimensionalen Strukturierungsverfahren auf der Basis von Stereolithographie oder Implantationsverfahren anstelle von Schichtbearbeitungen ebenso wie das fertigungsgerechte Design, für das wiederum Anleihen aus der Biologie notwendig werden. Insbesondere die Entwicklung eines Mikromaschinen- bzw. Mikroroboter-Baukasten verlangt, dass standardisierte Elemente wie Beine, Zangen und Schneidewerkzeuge in Anlehnung an die biologischen „Konstruktionen" der Gliedertiere erarbeitet werden. Denkbar wäre dazu der Entwurf von einigen wenigen „Standard-Extremitäten", die, mit einem „Baukasten-Chassis" in Großserie modular gekoppelt, das geforderte Funktionsspektrum abdecken.

Daneben müssen Low-Cost Verfahren bezüglich Performance und Produktivität weiter perfektioniert, aber auch die dem biologischen Wachstum entlehnten und mittels ortsabhängiger Katalyse gesteuerten Stoffabscheidungs-Vorgänge („chemical liquid deposition") untersucht werden.

Eine der Technologien der Zukunft ist der Einsatz von Polymeren: Die kontinuierliche Neuentwicklung von Funktionspolymeren und neue Fertigungsverfahren (Stereolithographie, Mikrospritzguss oder insert- bzw. outsert-Methoden der Aufbau- und Verbindungstechnik) ermöglicht preiswerte industrielle Produktionsverfahren.

5.4.2 Mikromaschinen

5.4.2.1 Medizintechnik

Die Medizintechnik stellt sich heute als eine der maßgeblich treibenden Kräfte in der Mikromechatronik dar. Die minimal-invasive Chirurgie, das Gebiet der Implantate und auch die Prothetik sind mikrosystemtechnisch interessante Entwicklungsrichtungen mit hohem Zukunftspotenzial. Auch wenn es sich dabei nach übereinstimmender Auffassung um Anwendungen handelt, die nicht in einer Mikrorobotertechnik sondern „nur" in Mikromaschinen münden, werden die zu lösenden Aufgabenstellungen zu neuen Entwicklungen in den Bereichen Kommunikation, Energieversorgung und Mensch-Maschine-Interface führen. Darüber hinaus sind Lösungen für die biologischen Fragestellungen im Hinblick auf die Langzeitstabilität z.B. von Sensoren, aber auch in Bezug zu neuronalen Interfaces und zur Synthese körperidentischer Substanzen von entscheidender Bedeutung.

Endoskope

Heutige Endoskope sind in der Regel dadurch gekennzeichnet, dass ein erforderlicher Werkzeugwechsel nur durch das Einführen eines neuen Endoskops möglich ist. Im Körper verbleibt dabei lediglich der Trokar, eine Art Führungshülse. Größter Entwicklungsbedarf für den Zeitraum der nächsten 15 Jahre wird daher bei der Entwicklung von Werkzeugmagazinen für Endoskope gesehen, die den für Operationen benötigten Zeitaufwand erheblich verkürzen werden. Die Werkzeugentwicklung selbst beinhaltet mechanische und optische Werkzeuge und schließt die Entwicklung neuer, bionischer Wirkprinzipien (z.B. Mikrotrennen nach dem Prinzip der Blattschneider-Ameisen) ein. Fragen des Mensch-Maschine-Interfaces werden sich im Wesentlichen auf die Einbeziehung der Haptik (taktile Werkzeuge, Kraftrückkoppelung zur Hand des Operateurs) und auf eine weiter verbesserte Navigation im Körperinneren (telemetrisch, optisch etc.) konzentrieren.

Implantate / Künstliche Organe

Ein weiteres zukunftsträchtiges Arbeitsgebiet der Medizin-Mechatronik sind intelligente Implantate. Diese Entwicklungsrichtung stellt zugleich eine Querverbindung zwischen der Mikromechatronik und den Life Sciences dar und wird zur Entwicklung künstlicher Organe führen. In der Vergangenheit konzentrierten sich derartige Aktivitäten überwiegend auf die Entwicklung von Sensoren, die für den Langzeiteinsatz im menschlichen Körper geeignet sind. In neueren Projekten werden diese Sensoren nun zunehmend mit den entsprechenden Aktuatoren gekoppelt, so dass direkt im menschlichen Körper eine Therapie bzw. eine Aktion stattfinden kann.

Langfristig werden diese Entwicklungen eine autarke Energieversorgung aus im Körper verfügbaren Substanzen benötigen (die implantierbare Brennstoffzelle „powered by sugar"), später soll auch eine Synthese körperidentischer Substanzen (z.B. Insulin, Dopamin) aus den im Körper verfügbaren Grundstoffen erfolgen. Beide Visionen erfordern völlig neue Ansätze und Methoden und führen zu einer neuen Qualität der Mensch-Maschine-Schnittstelle.

Darüber hinaus wird ein Bedarf an mechatronischem Equipment zum Handling und zur gezielten mechanischen Beeinflussung von vitalen Einzelzellen, Zell- und Gewebe-Kulturen erwachsen, wenn das Tissue Engineering über (adulte) Stammzellen zur Anwendungsreife gelangt. So bedürfen Herzmuskelzellen eines richtungsspezifischen Dehnungsreizes, um statt eines amorphen Konglomerats ein koordiniert arbeitendes Gewebe zu bilden.

Alle diese Entwicklungen sind aufgrund der für eine medizinische Zulassung geforderten Tier- sowie Humanversuche sehr zeit- und kostenintensiv.

Prothetik

Eine für eine signifikant verbesserte Prothetik erforderliche Mikromaschine ist der künstliche Muskel. Die Übernahme von Prinzipien aus der Biomechanik gestattet es, mikrosystemtechnische Aktuatoren so zu koppeln, dass sie in der Lage sind, gezielt lange Wege und gleichermaßen hohe Kräfte zu erzeugen. Mikro-Aktuatoren sollen künftig als künstliche Muskelfasern einsetzbar werden und durch eine massive räumliche Kaskadierung in Form von Parallel- und Serienschaltung ihre Aktionsmöglichkeiten vervielfältigen können. Als synergetischer Effekt der Kopplung einer großen Zahl von Elementen über variable Regeln ist außerdem zu erwarten, dass die ausgeführten Bewegungen selbststabilisierend wirken können.

In der weltweit betriebenen Forschung am „muscle-like drive" zeichnet sich ein weiteres Applikationsgebiet ab. Die Integration solcher makroskopischen Antriebe aus Mikroaktuatorkomplexen erschließt sowohl den Markt für aktiv die Bewegungen des Patienten unterstützende Orthesen als auch den für Service-Roboter mit hoher Funktionalität.

Aus diesen Aufgaben ergibt sich ein direkter Zusammenhang zu den in den Life Sciences diskutierten Fragestellungen. Neuro-Interfaces zur Steuerung, Rückkoppelung und Energieversorgung aus körpereigenen Substanzen sind dabei langfristige Entwicklungsziele.

5.4.2.2 Neue Wirkprinzipien für mechanische Antriebe und Werkzeuge

Neben diesen medizintechnisch ausgerichteten Fragestellungen steht auch die weitere Miniaturisierung klassischer mechanischer Funktionen im Mittelpunkt des Interesses. Die sich mit der zunehmenden Miniaturisierung drastisch ändernden Kräfteverhältnisse in Gelenken und Lagern werden dabei zwangsläufig zu neuen, aus der Biologie entlehnten Wirkprinzipien führen müssen.

Werkzeuge / Greifer

Heutige Mikromanipulatoren bzw. Montageroboter sind im Vergleich zu den zu manipulierenden Objekten von unangemessener Größe. Die aus der klassischen Mechanik entlehnten Wirkprinzipien erzwingen häufig eine minimale Größe, um die mechanische Stabilität zu gewährleisten und die Ankoppelung an den Antrieb zu ermöglichen. Hier ergibt sich die Notwendigkeit zum Einsatz adaptiver Materialien und bionischer Wirkprinzipien, um an die Leistungsfähigkeit biologischer Organismen anschließen zu können. Mehr noch als die menschliche Hand werden Extremitäten und Mundwerkzeuge von Insekten und Spinnen Anregung zur Optimierung von Mikrowerkzeugen geben. Als Beispiel einer möglichen evolutionären Weiterentwicklung von Mikrogreifern sei exemplarisch folgende Entwicklungskette genannt, die im Einzelnen schon realisiert wurde:

1. Mikrogreifer mit einfacher 2-Finger-Adduktion,
2. Mikrogreifer mit planarer Zustellbewegung durch proximales „Mikro-Handgelenk“,
3. Mikrogreifer mit Parallelführung der Wirkflächen zur Erhöhung der Griffsicherheit,
4. Mikrogreifer mit integrierten mechanischen Sensoren zur Greifkraft-Messung,
5. Mikrogreifer mit einstellbarer Kraft-Weg-Kennlinie zum feinfühligen Erfassen,
6. Mikrogreifer mit weiteren technisch interessanten Merkmalen der Hand (höherer Freiheitsgrad in der Finger-Kinematik u.ä.),
7. Manipulator mit wirkflächen-integrierten mechanischen Sensoren für verschiedene Parameter (Druck, Scherkraft u.ä.) als haptisches Tastsignal und
8. Manipulator mit veränderbarer Adhäsivität der Greifer-Wirkflächen (analog hydraulisch verformbarem Heuschrecken-Fuß), elektrostatische Greifer.

In Kombination mit anderen Werkzeugen lassen sich auf einer derartigen Basis weitere, über eine reine Greiferfunktion hinausgehende Funktionalitäten realisieren.

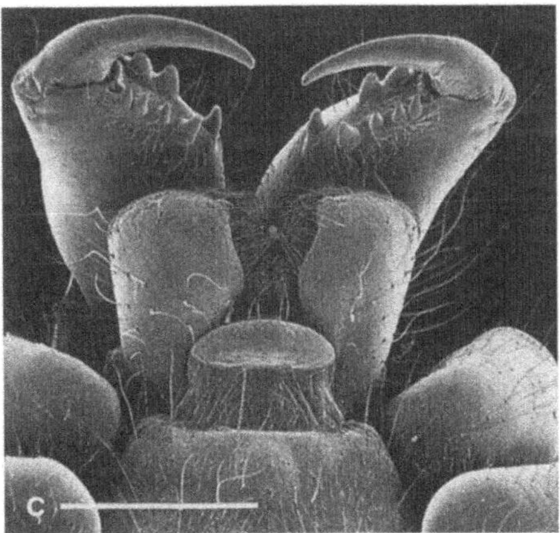
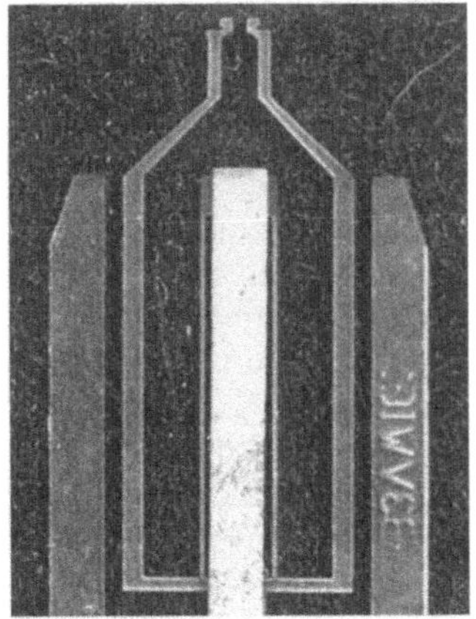

Abb. 3. Mundwerkzeug eines Insekts (links) und ein diesem Vorbild nachempfundener Greifer (rechts) (Quelle links: Eisenbeis, W.: Atlas zur Biologie der Bodenarthropoden, Spektrum Akademischer Verlag; Quelle rechts: Wurmus, H. / Salim, R., Technische Universität Ilmenau)

Antriebe

Bei hochgradig miniaturisierten Antrieben kommt es zu einer ungünstigen Verschiebung des Verhältnisses zwischen Volumen und Oberfläche und damit zu stark in den Vordergrund rückenden Reibungskräften. Elektromotore lassen sich daher unter eine gewisse Mindestgröße nicht mehr sinnvoll verkleinern. Alternative Antriebsverfahren könnten hier molekulare Antriebe sein, die ihren Energieverbrauch aus chemischen Prozessen decken und die mechanische Wirkung durch das Umschalten zwischen verschiedenen chemischen Zuständen mit mechanisch unterschiedlicher Molekülform gewinnen. Vorbild können die Antriebe einiger Bakterien sein, die einem Elektromotor verblüffend ähnlich aussehende rotierende Antriebe entwickelt haben, oder aber einem Linearschrittmotor entsprechende Muskelmolekül-Systeme besitzen.

Verteilte Maschinen

Nicht nur in der Medizintechnik als künstlicher Muskel, sondern allgemein werden „Multi-Aktuator-Systeme" zukünftig eine verstärkte Bedeutung erlangen, um die möglichen Freiheitsgrade zu erhöhen. Die Kaskadierung von verschiedenen bzw. gleichartigen Mikro-Aktuatoren ermöglicht die Ausführung komplexer Bewegungen, langer Wege und hoher Kräfte. Die Funktionalität wird dabei über das gesamte System verteilt und erfordert eine hohes Maß an Koordination zwischen den einzelnen Aktuatoren. Gelöst werden kann diese Aufgabe entweder durch eine verteilte Intelligenz mit ausreichender Kommunikation zwischen den Einzelelementen oder eine übergeordnete, koordinierende Intelligenz in Form eines „Zentralrechners". Diese Entwicklung findet ihre Fortsetzung in so genannten „Mikroroboter-Schwärmen".

5.4.3 Mikromontage

Hauptaugenmerk der deutschen „Mikroroboterszene" ist heute auf die Mikromontage gerichtet, d.h. auf die Montage von Mikrobauteilen mit Kantenlängen kleiner als 1 mm und Mikrobaugruppen bzw. Bauteilen mit Abmessungen im Mikrometerbereich. Hierbei liegen die erforderlichen Montagegenauigkeiten derzeit bereits unter 5 µm.

Eine serielle (diskrete) Mikromontage basiert auf dem aufeinanderfolgenden Montieren von Bauteilen bzw. Baugruppen. Diese Montagestrategie wurde aus der Makrowelt übertragen, wobei die Bauteile meist in einem geordneten Zustand in einem Magazin in der Montagestation bereitgestellt werden bzw. direkt von einem Wafer vereinzelt werden.

Die parallele (Batch-)Mikromontage basiert dagegen auf paralleler, gleichzeitiger Montage der Bauteile bzw. Baugruppen. Die Vorteile dieser in der Mikrotechnik üblichen Fertigung im Nutzen werden bei dieser Strategie auf die Montage übertragen. In diesem Fall wird erst nach der Montage vereinzelt. Diese Art der „Mikro"-Fertigung basiert z.T. auch auf halbleitertechnischen Fertigungsverfahren. Die aus der Halbleitertechnik übernommenen Batch-Verfahren ermöglichen zwar eine extreme Kostenreduktion bei der Herstellung von Mikrosystemen, für mechatronische Systeme lassen sie sich trotz offensichtlicher Vorteile aufgrund von Unverträglichkeiten zwischen einzelnen Fertigungs-, Montage- und Fügeschritten oftmals nicht umsetzen. Paralleles Mikromontieren durch eine Vielzahl von Mikro-Montage-Robotern (Mikro-Assemblierer) könnte dagegen dieses Problem lösen und den Übergang zu einer hochgradig parallelen Mikro-Montage-Fertigung ermöglichen.

In *Japan* sind diese Entwicklungen bereits relativ weit fortgeschritten. Eine Verkleinerung der Produktionsmaschinen ist dort zentrales Forschungsthema (*Riken-Institut*). Allerdings ist das Problem des Materialflusses, insbesondere das Handling kleinster Teile, noch nicht zufriedenstellend gelöst. *Japanische* Untersuchungen zeigen, dass aufgrund der erzielbaren Ressourceneinsparung größenangepasste Fertigungsanlagen tatsächlich wirtschaftlicher arbeiten können. Industriell in einer „Microfab" umgesetzt wird bereits die Montage von Endoskopen bei *Olympus*, für die eine komplette Fertigungsstraße auf Koffergröße miniaturisiert wurde. Der limitierte Durchsatz einer solchen „Microfab" kann durch Parallelität wieder ausgeglichen werden, der wirtschaftliche Vorteil gegenüber konventionellen Fertigungsstraßen bleibt dennoch erhalten.

Neben den „robotertechnischen" Aufgabenstellungen, die zumindest für die nähere Zukunft weitgehend im Bereich der oben dargestellten Mikromaschinen angesiedelt sind, gibt es fertigungstechnische Aspekte, die sowohl auf der Seite der Mikroassemblierer als auch auf der Seite der „Mikro"-Produkte beachtet werden müssen. Mikrosystemtechnische Baukästen, wie sie mit dem „Match X"-System erstmalig erfolgreich eingeführt werden konnten, müssen sowohl auf weitere Produktklassen ausgedehnt werden, wie auch die Grundlage für die Mikroassemblierer bilden.

Angestrebt ist weiterhin die Einführung von (Low-cost-)Self-Assembly-Verfahren, die einen stets kosten- und zeitintensiven Einsatz von Montagehilfsmitteln überflüssig machen können. Verfahren, die mit Hilfe von Flüssigkeiten Mikrokomponenten, Zellen oder Bio-Makromoleküle transportieren („einschwimmen") und durch chemische Adhäsionskräfte justieren, sind experimentell im Grundsatz schon demonstriert worden; ein industrieller Einsatz derartiger Verfahren ist derzeit aber noch nicht absehbar.

Eine Vision bleiben sicher Nanoroboter, die auf atomarem Level additiv Nanoprodukte aufbauen (*K. Eric Drexler*). Dieser Vorstellung steht gegenüber, dass in atomarem Maßstab alle Vorgänge chemisch gesteuert sind und sich dadurch konventionelle Vorstellungen des Maschinenbaus bzw. der Produktionstechnik nicht mehr übertragen lassen. Überdies müsste, um überhaupt eine verwertbare Produktionsmenge erhalten zu können, das Problem der Selbstreplikation gelöst werden.

5.4.4 Mikroroboter

Die in den vorangegangen beiden Kapiteln dargestellten Einzelaufgaben finden sich letztlich auch unter der Überschrift „Mikroroboter" wieder. Hinzu kommt die für autarke Systeme notwendige Energieversorgung, die bei einem selbstständig agierenden Mikroroboter möglichst aus der Umwelt heraus (Licht, Strahlung, Temperatur, evtl. auch biochemisch) erfolgen sollte.

Abb. 4. Die pneumatische angetriebene *Sprawlita* der *Stanford University* demonstrierte erfolgreich das sechsbeinige Laufen eines Insekts auch auf extrem unebenen Untergründen.

Abb. 5. Die von der *Universität Berkeley* aufgrund militärischer Einflüsse propagierten Micro-Flying Insects (MFIs), flugfähige Mikroroboter in der Größe einiger Zentimeter, stellen nach Ansicht der Workshopteilnehmer ein sehr langfristiges Ziel mit Entwicklungszeiten in der Größenordnung von mindestens 20 Jahren dar.

Darüber hinaus gehende Anforderungen werden im Wesentlichen durch die möglichen Einsatzzwecke definiert. Grundsätzlich sollten alle in der Natur vorkommenden Fortbewegungsarten auch auf Roboter übertragen werden können, da der Einsatz von selbstständig agierenden (Mikro-)Robotern unter extremen Umgebungsbedingungen am naheliegendsten ist. Dazu müssen Fähigkeiten wie Laufen, Kriechen und Schwimmen in technische Lösungen umgesetzt werden. Erste Ansätze zum Nachvollziehen der Insektenfortbewegung (Sechsbeiniges Laufen) sind erfolgreich von der *Stanford University* demonstriert worden (siehe Abb. 4). Flugfähige Mikroroboter, wie in Abb. 5 dargestellt, sind jedoch noch visionär, die dafür notwendigen Grundlagen werden aber insbesondere für militärische Anwendungen bereits intensiv untersucht.

Schon erheblich konkreter sind jedoch biologisch-elektronische Mischformen, die z.T. auch eine enorme Bedeutung für die Entwicklung zukünftiger Mensch-Maschine-Schnittstellen haben. So wurden in den *USA* bereits Insekten erfolgreich als Sensorträger eingesetzt. An verschiedenen Forschungseinrichtungen können Insekten über elektronische Impulse so beeinflusst werden, dass sie gezielte Richtungsänderungen ausführten.

Ein weiterer Entwicklungsaspekt berührt die Informations- und Kommunikationstechnologien. Der Einsatz einer Vielzahl zusammenarbeitender Roboter („Schwärme") erfordert neuartige Entwicklungen in der Kommunikation und im Betrieb verteilter Systeme. Serielle und parallele Kaskadierung von sowohl gleichartigen als auch unterschiedlichen Mikrorobotern ermöglicht eine enorme Effizienzsteigerung und den Aufbau echter „Mikro-Fertigungslinien". Dies ist eine direkte Fortsetzung der heute schon laufenden Aktivitäten zu „eGrains", zum „Smart Dust" bzw. zum „Paintable Computing"

5.4.5 Materialien

Ein entscheidendes Kriterium für die Weiterentwicklung mechatronischer Mikrosysteme ist die Materialfrage. Vielfach geraten heutige Systeme aufgrund der zur Verfügung stehenden Stoffpalette an Grenzen, deren Überwindung man sich vom Einsatz adaptiver oder anisotroper Materialien erhofft.

Das Spektrum interessanter Ansätze geht von der gezielten Entwicklung angepasster Polymere, Keramiken und Komposite über in Analogie zu Biomaterialien intern strukturierten Materialien bis hin zu neuartigen Werkstoffen, die mit Hilfe sog. Matter Compiler erzeugt werden sollen. Die von der Biologie entwickelten, strukturierten Materialien mit anisotropen, d.h. orts- und richtungsabhängigen Eigenschaften (z.B. Knochen) werden für viele Aufgaben technisch nachempfunden werden müssen, um weit divergierende Anforderungen wie maximale Festigkeit bei geringstem Gewicht optimal miteinander vereinen zu können. Parallel zur Synthese der neuen Werkstoffe sind in der Regel auch neuartige Strukturierungstechnologien zu entwickeln.

Mit modernen Polymermaterialien wird ein Werkstoffspektrum geschaffen, das anwendungsspezifische Funktionalitäten aufweist. Die Vorstellungen reichen hier von Designer-Polymeren über die Einbettung von Nanopartikeln in eine Polymermatrix zur Bestimmung der Werkstoffeigenschaften und die Nut-

zung polymerer Ordnungseigenschaften (z.B. in Flüssigkristallen) zur Signal-
wandlung, Krafterzeugung und gerichteten Bewegungsübertragung bis hin zum
Aufbau extrem leichter und fester Werkstoffe aus Nanotubes. Damit wird die
geometrische Kontur als funktionsbestimmende Größe in der Mechanik zunehmend durch die Textur des Werkstoffes abgelöst („smart materials").

Future material properties:
Density of air
100 kPa strength
Vacuum dirigibles!
Furniture weighing grams
Walls weighing kilograms
Buildings weighing tons?

K. Pister

Die funktionellen Eigenschaften von Biomaterialien (z.B. Chitin, Holz, Knochen-
substanz) sind generell abhängig von Ort, Raumrichtung und momentanem
Entwicklungs- und Regenerationszustand. Hinzu kommt die Adaptivität der
Körpergestalt an den aktuellen Lastfall, da – über das gesamte Rahmenwerk der
organismischen „Konstruktion" integriert verteilt – aktuatorische und sensorische Eigenschaften implementiert sind.

Mit derartigen Materialien können die Federgelenke monolithischer Mikro-
aktuatoren statt durch Querschnittsverjüngung („Sollbruchstellen") aus einer
Abfolge rigider und flexibler Abschnitte eines identischen Substrats erzeugt
werden, wie sie im Chitinpanzer von Gliedertieren realisiert ist. Derart gestaltete
Mechanismen mit örtlich definierten Nachgiebigkeiten stellen den Schritt in eine
„Gradientenmechanik" dar.

Alle diese neuen, präzise mikrostrukturierbaren Materialien besitzen aber
immer noch 5–20 mal geringere Festigkeit oder Sättigungsremanenz als hochfes-
te Stähle oder gesinterte Selten-Erd-Magneten. Dies aufzuholen ist zwar langfristiges Ziel, aber nicht mittelfristige Realität. Die Weiterentwicklung teurer seriel-
ler Mikrofertigungsverfahren wie Zerspanen oder Laserabladieren und das
Adaptieren preisgünstiger Serienfertigungsverfahren wie *ECM* oder Stanz-
Biegen für Mikrozwecke darf deshalb nicht vernachlässigt werden.

Eine interessante, jedoch aus heutiger Sicht kaum realisierbare Vision stellt
die Kombination aus Designer-Werkstoffen, einem Rohstoff- (Precursor-) Reservoir und einigen Mikroassemblierern innerhalb des Werkstücks dar. Diese
Vision würde selbstreparierende und sich selbst organisierende Bauteile ermöglichen.

5.4.6 Roadmap

Der im Folgenden dargestellte Entwurf einer Roadmap orientiert sich an den genannten Schwerpunktthemen, wobei die mechanischen Mikrokomponenten

aufgrund ihres vergleichsweise hohen Entwicklungsstandes allerdings ausgespart bleiben.

Mikromaschinen und Medizintechnik

Die Entwicklung der Mikromaschinen wird im Wesentlichen an entscheidenden Entwicklungsschritten in der Medizintechnik gemessen. Die Entwicklung von erweiterten Tools für die minimal invasive Chirurgie erwartet man bis zum Jahr 2005 einschließlich der dazu erforderlichen neuen, wahrscheinlich fluidischen Aktuatorik. Erweitere Freiheitsgrade im Einsatz und der Einsatz von Mehrfachtools sollen bis zum Jahr 2007 möglich werden. Der Einsatz von taktiler Sensorik in Endoskopen stellt das Ziel bis zum Jahr 2010 dar.

Elektronik und Mikroroboter

Die eigentliche Mikroroboterentwicklung orientiert sich stark an der dafür erforderlichen Mikroelektronik, die heute durch den Entwicklungsstand der aktiven Transponder und der „RF-motes" der Uni Berkeley charakterisiert wird. Bereits für das Jahr 2005 wird eine Dimensionsverkleinerung in den 5mm Bereich erwartet. Im Jahr 2010 werden dann Dimensionen im mm-Bereich erreicht sein, die den Einsatz als ubiquitäre Tags zulassen.

Die mechanische/aktuatorische Komponente der Mikroroboter beginnt mit neuen Aktuatorentwicklungen für den Einsatz in Mikromaschinen, wie z.B. mit fluidischen Aktuatoren für Endoskope, die für das Jahr 2005 prognostiziert sind. Kaskadierbare Aktuator-Komplexe z.B. für erhöhte Leistungen (künstlicher Muskel) werden für das Jahr 2010 erwartet. Weitere Entwicklungen, wie der Einsatz von „Walking Silicon" oder „Micro Flying Insects" werden erst für das Jahr 2015 oder später gesehen.

Mikromontage

Die Präzisions-Mikromontage erreicht heute Genauigkeiten von etwa 1 μm. Diese soll bis zum Jahr 2010 um eine Größenordung, d.h. bis 0,1 μm verkleinert werden. Noch höhere Genauigkeiten, die dann 0,05 μm unterschreiten werden, werden für das Jahr 2015 erwartet.

Materialien

Die Materialentwicklung wird zunehmend durch neue Funktionsmaterialien und durch eine verstärkte Anlehnung an biologische Entwicklungen gekennzeichnet. Mikrostrukturierbare biokompatible Substrate sollen im Jahr 2005 verfügbar sein und das heute genutzte Silizium könnte in der Mikromechanik zunehmend durch mechanisch spezifizierte Substrate (Compliants) abgelöst werden. Im Jahr 2010 werden dreidimensionale Formgebungsprozesse soweit entwickelt sein, dass komplexe Geometrien analog des biologischen Wachstums realisiert werden können.

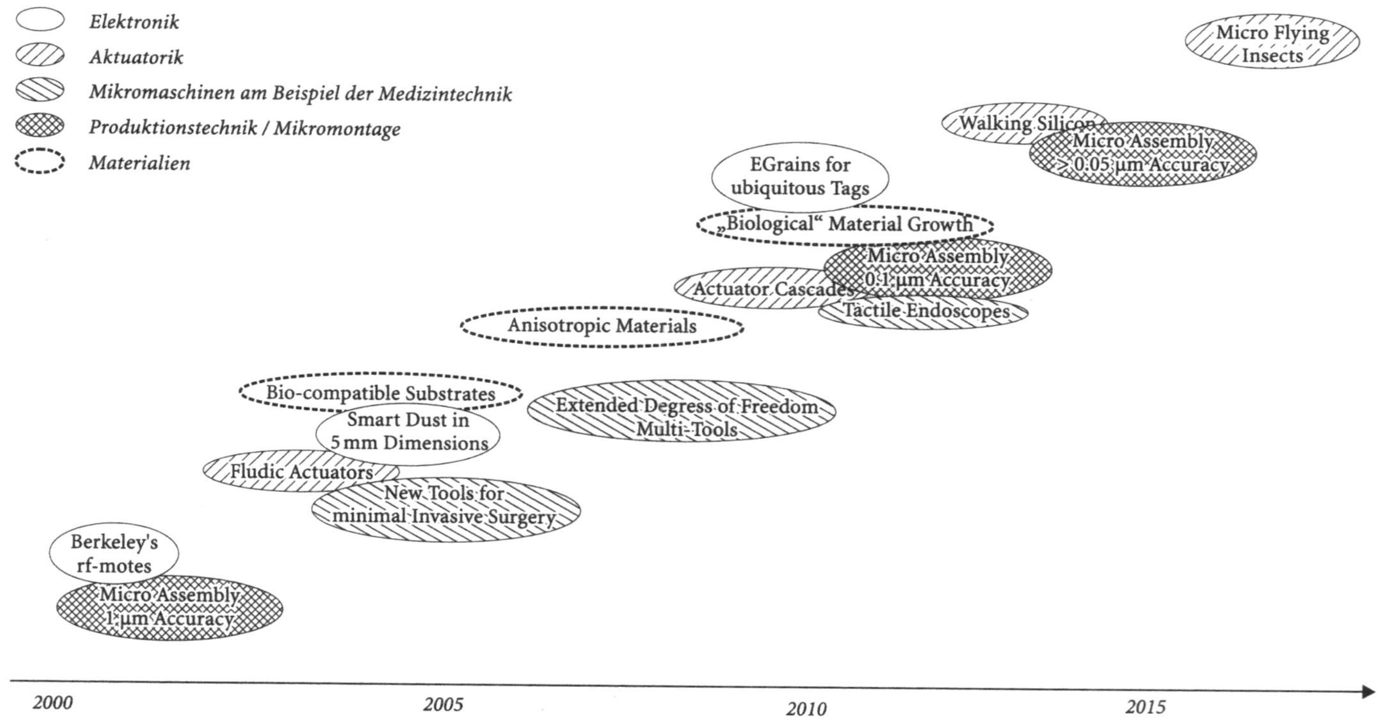

Abb. 7. Entwurf einer Roadmap für verschiedene Aspekte der Mikrorobotik

5.5 Leitthemen einer „Mechatronischen Mikrosystemtechnik"

Die behandelten Themen und Visionen der Robotertechnik lassen sich unter der gemeinsamen Überschrift „Mechatronische Mikrosysteme" zusammenfassen, denen vier große Themenbereiche („Leitthemen" bzw. „Flagship"-Projekte) zugeordnet werden können. In diesem Zusammenhang sei ausdrücklich noch einmal darauf hingewiesen, dass andere mikromechatronische Themenkomplexe, wie z.B. das Automobil hier nicht angesprochen werden. Eine zusammenfassende Darstellung der erwarteten Entwicklung zur Automobiltechnik befindet sich im Kapitel „Das Leben im Jahr 2000", Abschnitt 2.6.4.

5.5.1 Mechanische Mikrokomponenten manipulieren – Mikromontagesysteme für die Produktion

Der Anwendungsschwerpunkt der roboterartigen mechatronischen Mikrosysteme wird innerhalb eines absehbaren Zeitraums in der Produktionstechnik liegen. Mikromanipulations- und Mikromontagesysteme werden nach Auffassung der Workshopteilnehmer den industriellen Einstieg in die Produktion mechatronischer Mikrosysteme darstellen. Sie gehören im Folgenden zu den Techniken der Mikroproduktion, unter denen alle anwendungs- bzw. industrienahen Entwicklungen zusammengefasst werden.

Zukünftige Mikromontagesysteme zeichnen sich durch die Integration von hochpräzisen Robotern, Vorrichtungen zum Materialhandling, sowie von an die Mikrowelt der zu montierenden Systeme adaptierten Werkzeuge, wie Greifer bzw. Dosiervorrichtungen, zu einem technischen Gesamtsystem aus. Zusätzlich integrierte Sensorik stellt einer Steuerung Daten zur Prozessüberwachung zur Verfügung.

Die heutige Mikromontage basiert in der Regel auf aus der Makroproduktion übernommenen Robotersystemen, wodurch zwischen den zu handhabenden Mikrosystemen und dem Montagesystem eine Dimensionsdiskrepanz entsteht. Die zentralen Anforderungen an die Mikromontage, wie höhere Montagegenauigkeiten sowie die dynamische Beherrschung der Montagesysteme, machen hier die Entwicklung größenangepasster Robotersysteme notwendig.

Weitere Entwicklungsanstrengungen liegen auf dem Gebiet der Handhabungstechnik. Bei der Greifer- und Zuführtechnik steht die zuverlässige Beherrschung des Teileverhaltens der Mikrobauteile im Vordergrund. Besonders im Bereich der Faseroptiken werden Methoden zum kontrollierten, dreidimensionalen Greifen und Platzieren benötigt. Für einen ökonomisch sinnvollen Einsatz in den Produktionsablauf eines Mikrosystemherstellers sind weiterhin kurze Zykluszeiten sowie eine hohe Flexibilität von größter Bedeutung.

Nur bei einer gelungenen Integration der auf die Handhabung von Mikrobauteilen angepassten Robotersysteme, Greifer- und Zuführtechniken lassen sich die in Zukunft immer weiter entwickelten mechatronischen Mikrosysteme in effizienter Produktion herstellen.

Gegenüber diesen Entwicklungsrichtungen grenzen sich die sogenannten selbstmontierenden Mikrosysteme ab, welche Produktionstechnologien beinhalten, die im Extremfall bis hin zu Selbstreplikationsverfahren führen. Diese werden zunächst nur auf bestimmte Mikrosystemtechniken im Labormaßstab angewendet werden können.

Eine wachsende Bedeutung dürften in Zukunft die Schnittstellen der „Welten" erlangen: Entsprechend der Beherrschbarkeit der Schnittstellen der Mikrosysteme (Mikrowelt) zur Makrowelt durch Technologien der Chipherstellung und des Packaging, werden in Zukunft auch die Schnittstellen der Nanotechnologie (Nanowelt) und auch der Biotechnologie zur Mikrosystemtechnik nach neuen Techniken verlangen. Nicht zuletzt die zunehmende Miniaturisierung der Mikrosysteme selbst wird neue Lösungen für die entstehenden Handhabungsprobleme erfordern.

5.5.2 Kleine Maschinen – Höchste Leistung

Die bisher niedrige spezifische mechanische Leistung von Mikroaktuatoren stellt ein Haupthindernis für viele Anwendungsmöglichkeiten dar. Eine Steigerung ihrer Leistungsfähigkeit durch Erschließung neuer Prinzipien (beispielsweise nach biologischen Vorbildern durch neue Wirkprinzipien oder Kaskadierung mechanisch aktiver als auch sensorischer Mikromodule) bildet daher eine zentrale Aufgabe für die weitere Entwicklung der Mikromechatronik.

Dies bedeutet ein neuartiges, interdisziplinäres Vorgehen für die Mikrosystemtechnik, da bislang ein Übergang von der Bionik in diesen Bereich noch nicht erfolgt ist. Bionische Ansätze mit Hilfe von mikrosystemtechnischen Verfahren umzusetzen wird als zukunftsweisender Ansatz für viele Anwendungen angesehen.

Zur fertigungstechnischen Umsetzung bietet sich das schon mehrfach angesprochene Baukastenprinzip an, bei welchem die verschiedenen Komponenten multifunktionaler Mikrosysteme, relativ unabhängig von deren speziellen Einsatzzweck, in größeren Stückzahlen vorgefertigt und über genormte Kopplungsstellen verbunden werden können.

5.5.3 Die Masse macht's: Mikrosysteme arbeiten zusammen

Mikroroboterschwärme und ihre Vorläufer wie z.B. der „Smart Dust" stellen eine extreme Form von verteilten Systemen dar. Die Steigerung der Leistungsfähigkeit von Mikrosystemen durch hochgradige Parallelisierung bzw. mechanische Kaskadierung ist verbunden mit anspruchsvollen Aufgabenstellungen für die Kommunikationstechnik. Eine intelligente lokale Datenvorverarbeitung und eine effiziente Kommunikation zwischen den kooperierenden Mikrosystemen sind unabdingbare Voraussetzungen für alle hochparallelen Mikrosysteme. Sie ist damit nicht nur für die prognostizierten „Roboterschwärme" von Interesse.

Daneben ist die mechanische bzw. funktionelle Kaskadierung der Mikroaktuatoren und -sensoren selbst ein umfangreiches Forschungsfeld, bei dem die Adaptierung biologischer Prinzipien, aber auch die erforderliche Systemintegrations- bzw. Aufbautechniken ebenfalls im Mittelpunkt der erforderlichen Entwicklungsanstrengungen stehen.

5.5.4 Der Natur einen Schritt voraus: Synthetische Materialien eröffnen neue Perspektiven

Die weitere Miniaturisierung von mechanischen Anwendungen wird zunehmend von der Verfügbarkeit intelligenter Materialien abhängen. Dies bezieht sich auf die Verarbeitbarkeit klassischer Hochleistungsmaterialien zu mikrostrukturierten Serienteilen ebenso wie auf neue aktive Materialien (z.B. Formgedächtnis-Materialien) oder auf Materialien mit intelligenter interner Textur und der Fähigkeit zur Wandlung sehr verschiedener Energieformen.

Gleichfalls wird die Entwicklung von Low-Cost-Materialien auf Polymerbasis für aktuatorische Anwendungen als unverzichtbarer Bestandteil einer mechatronischen Mikrosystemtechnik angesehen.

5.6 Produktvisionen und ihre Bedeutung für die Industrie

Die heute diskutierten potenziellen Anwendungen von mikromechatronischen Systemen sind regional höchst unterschiedlich ausgeprägt. Während in den *USA* überwiegend Sicherheits- und Gesundheitsaspekte, wie z.B. die Identifizierung und Vernichtung von Milben und Bakterien durch autarke Mikroroboter diskutiert werden, haben in *Japan* Spielzeuganwendungen hohe Priorität. Im europäischen Raum konzentriert man sich dagegen überwiegend auf im weitesten Sinne produktionstechnische Aspekte.

Aus heutiger Sicht lassen sich dabei folgende sieben Anwendungsgebiete erkennen:

- Medizintechnik,
- Produktion,
- Sicherheit,
- Umwelttechnik,
- Überwachung,
- Haushalt und
- Spielzeug.

Daneben stellt, aufgrund des frühen Entwicklungsstadiums der Mikroroboter, die Forschung selbst einen nicht unerheblichen Markt dar, der in diesem Fall ebenso betrachtet werden muss.

5.6.1 Medizintechnik

Aus heutiger Sicht ist die Medizintechnik einer der Top-Märkte der Mikromechatronik. Katheter, Endoskope und chirurgische Instrumente enthalten zunehmend mikrosystemtechnische bzw. mikromechatronische Komponenten. Besonders interessante Entwicklungen sind Mikroturbinen und magnetische Antriebe für Werkzeuge der minimal-invasiven Chirurgie.

Noch dominiert der Sensoranteil in der medizinischen Mikrosystemtechnik, doch lässt sich heute schon erkennen, dass dieser zukünftig als Türöffner für aktuatorische Systeme dienen wird. Mit steigender Akzeptanz mikrosystemtechnischer Komponenten in medizinischen Anwendungen wächst auch das wirtschaftliche Interesse an solchen Produkten. Dabei darf allerdings nicht außer Acht gelassen werden, dass der Sensorik-Markt aufgrund der Tendenz zu Einweg-Analysemethoden (einfache Herstellung und hohe Stückzahlen) ungleich größer sein wird, als der höherwertige Instrumentenmarkt mit anspruchsvollen Technologien. Während letzterer nur mit einem Bedarf von einigen 1000 Systemen pro Jahr für Deutschland abgeschätzt wurde, liegt der erwartete Bedarf im Sensorbereich um den Faktor 100 höher.

Die größten Herausforderungen im Bereich der Medizintechnik sind Komplexität, Preis und Entsorgungs- bzw. Recycling-Fähigkeit. Ein Entwicklungsschwerpunkt der nächsten Zeit wird bei den intelligenten Implantaten (künstliche Organe) gesehen, während der Realisierung von Visionen wie dem Mikro-U-Boot zur Entfernung von Ablagerungen in Blutgefäßen infolge der Gefahr einer „Verselbstständigung", die im schlimmsten Fall keine Korrekturmöglichkeit durch die Hand des Arztes offen lässt, zurzeit keine Chance eingeräumt wird.

Der Medizinmarkt wird momentan hauptsächlich von mittelständischen Unternehmen beliefert. Im deutschen Wirtschaftsraum sind die Keyplayer: *Aeskulap*, *Braun*, *MGB*, *Storz* und *Wolf*. International spielen aus *Japan* noch die Firma *Olympus* sowie das deutsch-japanische Unternehmen *Winter & Ibe* eine herausragende Rolle. Daneben drängen verstärkt koreanische Firmen auf den Markt.

Im Spezialbereich der chirurgischen Instrumente etablieren sich neben alteingesessenen Unternehmen wie *Tübingen Scientific* auch eine Reihe von Start up-Companies.

5.6.2 Produktion

Das aus europäischer Sicht interessanteste Anwendungsgebiet ist die Produktionstechnik. Einer der Schwerpunkte ist dabei die Mikromontage, für die insbesondere die Handlingsysteme im Fokus liegen. Prinzip, Größe, Funktionalität und Haltekraft bestimmen maßgeblich die Einsatzmöglichkeiten der existierenden Greifer. Dazu kommen zusätzliche Anforderungen wie optimierte Halteprinzipien, Reinigungsmöglichkeiten, Werkzeuge für Fügeverfahren etc. Als richtungsweisend gelten hinsichtlich eines damit verbundenen Paradigmenwechsels in der Produktionsorganisation die Vorstellungen zur „Fabrik auf der Tischplatte" (vgl. Gengenbach, U. / Engelhardt, F. / Scharnowell, R.: The Desktop Factory – the next Step to automatic Assembly of Microparts; Symposium on Handling and Assembly of Microparts, Vienna, November , 28th and 29th, 1997, proceedings; Vienna: Österreichische Tribologische Gesellschaft 1997) und die Cluster-Fertigung.

Ein zweites bedeutendes Gebiet ist die Überwachung von Leitungen und Anlagen, eine Anwendung die überwiegend auf den Einsatz von autonomen Überwachungsrobotern zielt. Bekannt sind die sog. „Molche" bereits aus der Pipeline-Technik, wobei ihr heutiges Antriebsprinzip, aber auch Vortriebssysteme mit wurmartiger Peristaltik, miniaturisiert in Rohrleitungen mit kleinsten Durchmessern Anwendung finden sollen. Darüber hinaus ist der Einsatz von Montage- und Überwachungsrobotern auch für extreme bzw. gefährliche Umweltbedingungen (Temperatur, Druck, Toxizität, etc.) interessant.

Ein dritter Bereich ist die eigentliche Mikrofertigung. Hier geht man davon aus, dass kleinere Fertigungstools (Assembler) die Herstellung immer kleinerer Systeme und damit noch kleineren Fertigungstools ermöglichen. Mikrofertigung zielt also auf zukünftige Produktionsstätten ab, die mit heutigen, konventionellen Produktionsanlagen nicht mehr viel gemeinsam haben werden. Die Verfügbarkeit neuer Montagetechnologien wird der Mikrosystemtechnik neue Impulse geben, da Mikrosysteme, die einen hohen Montageaufwand erfordern, heute aus Kostengründen nicht hergestellt oder erst gar nicht entwickelt werden.

Eine Realisierung der Vorstellung *Drexlers* als auch des polnischen Autors *Stanislaw Lem* von gigantischen Schwärmen von autonomen Nanorobotern, die Produktionsaufgaben übernehmen, ist aus heute aus prinzipiellen physikalisch-chemischen Erwägungen heraus nicht in Sicht.

Dennoch besteht ein reges Interesse an derartigen produktionstechnischen Entwicklungen, überwiegend von kleineren und mittleren Unternehmen. Manche Unternehmen treten allerdings nur als Beobachter auf und geben wenig Informationen über eigene Initiativen bekannt. Zu den interessierten Unternehmen gehören *ACR, Bartels Mikrotechnik, Bosch, ETA, Festo, Lucanus, Jenoptik, Kammrath & Weiß, Kuka Roboter GmbH, SPI* und *Sysmelec*.

5.6.3 Fotografie

Die in Deutschland kaum noch existierende Foto-Branche trägt in Japan einen großen Anteil an der Gesamtentwicklung. Dort hat die stetige Miniaturisierung der Fotoapparate die Einführung mechanischer und optischer Mikrokomponenten und der Mikromontage in die Kameratechnik erzwungen.

5.6.4 Sicherheit: Safety und Security

Im Hinblick auf sicherheitstechnische Anwendungen gibt es ein breites Spektrum von möglichen Anwendungen einer Mikromechatronik. Dieses beginnt im zivilen Sektor bei allgemeinen sicherheitstechnischen Anwendungen, wie sie heute z.B. im Rahmen einer Automatic Cruise Control für Fahrzeuge entwickelt werden und erstreckt sich über eine sicherheitstechnische Sensorik im Haushalt

bis hin zur Überwachung der zivilen Infrastruktur. Daneben hat eine biologisch/
chemische Sensorik zur Detektion von diversen Kampfstoffen durch die Ereignisse seit der Terroranschläge am 11. September 2001 in *New York* eine neue Ak-
tualität erhalten. Hierbei ist die explorationsfähige Raumstruktur, d.h. die Ein-
dringtiefe, unmittelbar abhängig von der Körpergröße des mobilen Systems.
Durch die Versorgungsleitungen risikobehafteter Anlagen und urbaner Infrastruktur können sensortragende Mikromobile patrouillieren, um eine Echtzeit-
diagnose vor Ort zu gewährleisten.

Neben diesen eher sensororientierten allgemeinen Anwendungen werden
speziell für Roboter Erkundungsaufgaben in gefährlicher bzw. verseuchter Umgebung z.B. im Katastrophenschutz nach Erdbeben, Explosionen etc. als interessanter Einsatzzweck gesehen. Auch Minen- und Bombenentschärfung gehört in
dieses Umfeld.

5.6.5 Umwelttechnik: Recycling / Entstückung

Von unmittelbarem Interesse für Recyclingaufgaben ist der Einsatz von autonomen Robotern im Bereich der Zerlegung bzw. Stofftrennung. Diese heute ü-
berwiegend manuell vorgenommenen Tätigkeiten werden als zukünftig bedeutendes Marktsegment für den Einsatz von Mikrorobotern betrachtet.

Zukunftsträchtig erscheint die Bildung sog „Schwärme mobiler Systeme", die,
in Analogie zum Termitenschwarm, in ein kompliziert gebautes Altgerät ein-
dringen und es gezielt in seine Komponenten zerlegen („down cycling"). Im
Marktsegment Ökomonitoring, welches sich unabhängig vom aktuellen Stellenwert der Umweltproblematik in der öffentlichen Meinung als existenzielle Forderung entwickeln muss, wird eine verteilte Sensorik mit entsprechender mechanischer Peripherie (z.B. zur Probennahme und Selbstreinigung) die Haupt-
komponente darstellen. Mobile Roboter als Träger von Sensoren erweisen sich
überall dort als sinnvoll, wo eine Vorinstallation von Messwertgebern in einer
sich unabsehbar verändernden Umgebungsstruktur nicht möglich ist.

5.6.6 Überwachung: Militär / Spionage

In den *USA* ist das Militär einer der Hauptreiber der Mikroroboterentwicklung,
wobei die Entwicklung einer verteilten Sensorik zur militärischen Überwachung
ganzer Landstriche das herausragende Ziel darstellt. Darüber hinaus sind natürlich Spionageaufgaben ein weiterer zentraler Anwendungsaspekt.

Dafür präferierte fliegende Mikroroboter scheitern bisher am Masse-Leis-
tungsverhältnis und der zu geringen Leistungsdichte der Energiequellen. Alternative Prinzipien zur elektrischen Energiegewinnung, z.B. biochemisch-mecha-
nische Energieumformung müssen erprobt werden.

5.6.7 Haushalt

Roboteranwendungen im Haushalt nach dem Vorbild des bereits im Handel erhältlichen autonomen Rasenmähers werden eher auf makroskopischer Ebene gesehen (z.B. der autonome Staubsauger), da für hochgradig miniaturisierte Roboter im Haushalt ein nicht zu unterschätzendes Akzeptanzproblem erwartet wird. Die amerikanische Vorstellung von Milben-vernichtenden Mikrorobotern, die autonom durch die Wohnung laufen, entspricht nicht der europäischen Mentalität.

Haushaltsanwendungen erwartet man daher eher im Bereich der elektronischen Assistenz (Service-Roboter, „human serving systems") und Sicherheitstechnik, für die wohl autonome Sensorsysteme, aber keine autonomen Roboter benötigt werden. Derartige Anwendungen werden bislang überwiegend in *Japan* verfolgt.

5.6.8 Spielwaren

Der ebenfalls in Japan von den Unternehmen stark verfolgte Spielzeugmarkt wird in Europa bislang wenig beachtet. Er bietet jedoch die Möglichkeit, neue Technologien einem umfangreichen Konsumentenfeld vorzuführen und ein adäquates Feedback zu erhalten, ohne dass etwaige sicherheits- oder produktionsrelevante Mängel sofort zu weitreichenden Konsequenzen führen. Nicht zu unterschätzen sind hierbei auch Erkenntnisse über das Akzeptanzverhalten von Kindern und Jugendlichen bezogen auf eine immer komplexer werdende technische Umwelt.

Ansätze aus der Forschung (z.B. Mikro-Hubschrauber, -Radfahrer und diverse -Fahrzeuge des *IMM* oder Mikro-U-Boot der Firma *microtec*) werden bisher nur durch die Medien, nicht aber von deutschen (Spielzeug)-Unternehmern beachtet).

5.6.9 Forschung

Auch der Bereich der universitären und institutionellen Forschung stellt einen – wenn auch kleinen – Markt dar, der jedoch auch aus strategischen Gesichtspunkten nicht vernachlässigt werden sollte. Der Einsatz von Mikrorobotern ist beispielsweise in biologischen Forschungseinrichtungen bei der Handhabung von einzelnen Zellen, Zellkulturen oder beim Umgang mit infektiösem Material denkbar. Weiterhin bietet sich der Einsatz von Mikrorobotern in annähernd allen Einsatzfeldern der Rasterelektronenmikroskopie an. Da hier das bildgebende Verfahren Vakuum voraussetzt, ist der Mensch von der direkten Manipulation der Proben ausgeschlossen; durch das kleine Volumen der Vakuumkammern konventioneller *REM*s ist der Einsatz größerer Handhabungssysteme nicht möglich.

Auch Forschung- und Entwicklungseinrichtungen der Bereiche Nanotechnologie, Biomedizin und Mikrosystemtechnik selbst zählen zu den potentiellen
Abnehmern von Labormikrorobotern.

Dieser Markt wird von Unternehmen aus den Bereichen Rasterelektronenmikroskopie, -zubehör und Laborausstattung wie *LEO*, *Märzhäuser* und *Kammrath & Weiß* abgedeckt.

6 Fachliche Empfehlungen und Leitthemen

Günter R. Fuhr · Wolfgang Karthe · Herbert Reichl

Als zentrales Ergebnis der „Berliner Kamingespräche zur Mikrosystemtechnik" lässt sich die fachliche Empfehlung zu einer Schwerpunktbildung festhalten. Basierend auf der Definition von fünf technisch und wirtschaftlich relevanten Anwendungsfeldern kann die inhaltliche Vielfalt der Mikrosystemtechnik strukturiert werden. Telekommunikation, Haustechnik, Handel und Logistik, Automobiltechnik und die Life Sciences stellen Gebiete dar, deren wirtschaftlich erfolgreiche Weiterentwicklung ohne Mikrosysteme nicht denkbar ist. Aus diesen Anwendungsfeldern lassen sich eine Reihe von Aufgaben für die Mikrosystemtechnik ableiten und zu zentralen Leitthemen zusammenfassen, die z.T. im Detail im Rahmen der Kamingespräche beleuchtet wurden:

- symbiontische Mikrosysteme,
- photonische Mikrosysteme,
- mechatronische Mikrosysteme,
- human-orientierte Mikrosysteme und
- ubiquitäre Mikrosysteme.

6.1 Symbiontische Mikrosysteme

Die stark wachsende Bedeutung der Life Sciences eröffnet der Mikrosystemtechnik ein völlig neues Anwendungsgebiet und stellt sie gleichzeitig vor neue Herausforderungen. Das Applikationsfeld der Life Sciences, insbesondere die molekularen und zellbasierten Biotechnologien, ist in der Zukunft ohne die Nutzung der Mikrosystemtechnik nicht denkbar. Molekulare und zelluläre Biotechnologien sind ohne in Größe, Ausformung und Strukturierung angepasste biokompatible Microtools nicht kostengünstig und erfolgreich auf dem internationalen Markt zu platzieren. Die Life Sciences erfordern daher zwingend eine parallele Entwicklung der Mikrosystemtechnik. Insbesondere der Mikrofluidik mit biologisch/medizinischen Lösungen, d.h. unter Verwendung physiologischer Fluide, kommt dabei eine Schlüsselposition zu. Der Bioverträglichkeit, Langzeitstabilität und Regeneration künstlich strukturierter Materialien mit Biomolekülen und lebenden Zellen ist besonderes Augenmerk zu schenken. In Organismen auf natürliche Weise integrierte Materialien wie Horn, Knochen, Knorpel, Zahnbein aber auch Zellulose oder Chitin belegen die Möglichkeiten von biologischen Interfaces bis hin zu „lebend-tot-Phasensystemen". Die Subsummierung der Mikrosystemtechnik im Bereich der Life Sciences unter dem Leitbegriff „*Symbiontische Mikrosysteme*" beschreibt übergreifend diese neue Qualität derartiger Mikrokomponenten als technische Systeme, die den biologischen Organismus ergänzen oder aber durch die Integration biologischer Komponenten ihre eigenen Einsatzmöglichkeiten erweitern. Der Vergleich zu einer *organischen Symbiose* liegt dabei nahe.

Gigantische Wachstumspotenziale für die Marktsegmente der Biotechnologie, des Gesundheitswesens und der Lebensmittel- sowie Umwelttechnologien werden erwartet. Im diagnostischen Bereich wird ein Anstieg der durchzuführenden Analysen um den Faktor 10^6 für die nächsten zwanzig Jahre abgeschätzt. Auf der

Basis heutiger Geräte und Analysemethoden ist dies in keinem der genannten Felder auch nur ansatzweise möglich. Die Miniaturisierung und damit eine konsequente Weiterentwicklung der Möglichkeiten und Technologien der Mikrosystemtechnik sind daher zwingend und unvermeidlich.

Das größte Potenzial für den wirtschaftlichen Erfolg der Mikrosystemtechnik im Bereich der Life Sciences wird in der Medizin, der Medizintechnik und der medizinisch orientierten Biotechnologie gesehen. Für diese Felder besteht gegenwärtig in Deutschland eine besonders günstige Ausgangssituation, da weltweit die Entwicklung erst am Anfang steht. Damit sind auch die globalen Chancen als gut zu bewerten, wobei dem Hauptmarkt „Diagnostik" voraussichtlich die größte Bedeutung zukommen wird. Schnelle Maßnahmen sind jedoch erforderlich, weil sich das Zeitfenster für einen erfolgversprechenden Einstieg bereits zu schließen beginnt. Kennzeichnend dafür ist, dass eine Großnation wie China massiv in die genannten Bereiche zu investieren beginnt.

Für den Einsatz der Mikrosystemtechnik im Bereich der Life Sciences sind drei Leitthemen definiert worden:

1. Mikrosystemtechnik & Medical Care:
  - Mikroreaktionstechnik und Mikrofluidik für hochparallele Screening-Experimente zur Entwicklung personalisierter Medikamente,
  - nicht-invasive Techniken zur präventiven Diagnostik,
  - künstlicher Mückenstich zur Blutanalytik,
  - künstliche Organe,
  - Werkzeuge für minimal-invasive Techniken und
  - Verfahren für die Versorgung von Patienten mit körpereigenen und körperfremden Ersatzteilen.

2. Mikrosystemtechnik & Food Quality (Nutrigenomics):
  - Sensorik zu Qualitätsüberwachung,
  - Sensorik und Verfahren zur Ernährungsoptimierung sowie
  - Referenzprobenbanken.

3. Mikrosystemtechnik & Cytomics:
  - Methoden zur physiologischen Einzelzellcharakterisierung und Manipulation,
  - Entwicklung von Zell Interfaces für die Steuerung intelligenter Implantate,
  - Entwicklung künstlicher Zellen und
  - Microtools für die molekulare und zelluläre Biotechnologie.

Die für die Bearbeitung dieser Themen notwendige Interdisziplinarität erfordert eine koordinierte Förderung mit Bezug zu den Biowissenschaften, der Medizin und klassischen Feldern wie der Elektronik, Optik, Halbleitertechnologie und der Informatik. Größte Bedeutung kommt den Materialwissenschaften zu. Es müssen Strukturierungstechniken auf der Basis bioorganischer Materialien entwickelt und zur Serienreife geführt werden. Dies sind Zellulosederivate, Chitin, Knochen-, Horn und analoge Materialien, wie sie in der Natur vorkommen und bereits jetzt auf zellulärer Ebene mikro- und nanostrukturiert Beispiele für die potenziellen Möglichkeiten liefern. Die dafür notwendige Projektfinanzierung kann nicht allein aus einem Mikrosystemtechnik-Programm geschöpft werden. Vielmehr sind die dabei miteinander in Bezug stehenden *BMBF*-Schwerpunkte wie Nanotechnolgie, Biotechnologie, *MATFO* etc. einzubeziehen. Die Mikrosystemtechnik ermöglicht in diesem Zusammenspiel die Integration unterschiedlichster Technologien und Ansätze zu einem Gesamtsystem. Sie erfüllt somit eine unverzichtbare Klammerfunktion und führt Ergebnisse in die Umsetzung.

Auch der Biohybridforschung kommt eine besondere Bedeutung zu. In erheblichem Maße sollten neue, auch exotisch erscheinende Ansätze gefördert werden. Die spätere Nicht-Einsetzbarkeit einer Vielzahl von Lösungen darf dabei nicht als verfehlte Förderpolitik gewertet werden, sondern ist sorgfältig zu erfassen und hinsichtlich alternativer Anwendungen zu prüfen.

Schlüsseltechnologien werden Hochstrukturierungs-, Abformungs- und Assemblierungstechniken sein in Kombination mit biologischen Oberflächenbehandlungsverfahren. Es wird sich ein Gebiet der „Biostrukturierungstechnologie" herausbilden.

Für einen notwendigen Unterstützungsbedarf wurde abgeschätzt, dass sich ca. 30 Unternehmen mit einem Gesamtaufwand von jeweils etwa einer halben Mio. EUR pro Jahr an der Bearbeitung der hier definierten Leitthemen mit Vorlaufforschungscharakter beteiligen würden. Unter Einbeziehung der Forschungseinrichtungen und Universitäten errechnet sich daraus ein minimaler Förderbedarf von ca. 20 Mio. EUR pro Jahr. 20 % dieser Summe sollten in reine Grundlagenforschung investiert werden.

6.2 Photonische Mikrosysteme

Photonische Mikrosysteme werden die zentralen Elemente der optischen Datentechnik und schließen die Lücke zwischen optischer Datenübertragung und Höchstfrequenzelektronik. Mit der zunehmenden Nutzung optischer Technologien in der Breitbandkommunikation, die bis in den privaten Bereich hinein geplant ist (FTTH: „Fiber to the home"), der Informationsspeicherung und der Informationsvisualisierung (z.B. Datenbrille) wird die Mikrooptik einen der Innovationstreiber der nächsten Jahre darstellen. Man erwartet, dass sich optische Technologien, obwohl selbst ein eher kleiner Industriezweig, branchenübergreifend als „enabling technology" mit großer Hebelwirkung etablieren.

Zentrale Themenfelder einer photonischen Mikrosystemtechnik für die nächsten Jahren werden sein:
- optische Datenübertragung und –speicherung,
- optische Sensorik,
- Lasertechnik,
- Displaytechnologien und
- mikrooptische Systeme.

Als „enabling technology" kommt der Mikrooptik darüber hinaus eine erhebliche Hebelwirkung auf weite Produktbereiche zu. Ziel der Schwerpunktbildung soll es daher sein, das industrielle Umfeld zu neuen Anstrengungen zu motivieren und Deutschlands internationale Spitzenposition in der Mikrooptik zu festigen.

Das größte Potenzial liegt dabei unzweifelhaft in der Informations- und Kommunikationstechnik: Breitbandkommunikation, Datenspeicherung und Informationsvisualisierung sind ohne Mikrooptik nicht zu realisieren. Aufgrund der guten Voraussetzungen im FuE-Bereich und in der Industrie wird sich das prognostizierte Wachstum der Märkte gerade im deutschen Bereich positiv auswirken. Photonik ist bereits als branchenübergreifende Grundlage vieler moderner Entwicklungen etabliert, so dass es für eine wettbewerbsfähige Industrie zwingend erforderlich ist, den bereits beginnenden Rückstand gegenüber den *USA* und Fernost aufzuholen.

Darüber hinaus wächst die Bedeutung der Mikrooptik für die Life Sciences (Medizin, Biotechnologie). Neben dem wachsenden Markt spielt das Potenzial zur Kostendämpfung im Gesundheitswesen durch neue Produkte und Technologien eine wesentliche Rolle. Schließlich sei noch auf die weitreichende Bedeutung mikrooptischer Produkte für die Sicherheit von Personen und Objekten verwiesen.

Schon heute gibt es in Teilmärkten zweistellige Wachstumsraten. Allein für den Lasermarkt wird ein Volumen von 500 Mrd. US$ für das Jahr 2013 abgeschätzt und ähnliche Entwicklungen werden für die anderen Marktsegmente erwartet. Um hier mit der internationalen Entwicklung Schritt halten zu können, sind konsequente Fortschritte in der weiteren Miniaturisierung und der Integration von Elektronik und Optik auch auf Systemebene erforderlich. Diese Aufgabe stellt ein typische Herausforderung für die Mikrosystemtechnik dar.

Signifikante Defizite in Einzeltechnologien oder im System-Know-how könnten Inhalte einer zielgerichteten Forschungsförderung sein, wobei u.a. folgende Punkte aus Sicht der Expertenrunde besondere Beachtung verdienen:

1. *Produktionstechnik:*
   Zentrales Thema für den Erhalt und die Stärkung eines Produktionsstandortes Deutschland ist die Einführung einer verstärkt automatisierten Massen-Fertigung auch für kleine und mittlere Stückzahlen und eine Abkehr von der heute noch vielfach betriebenen manuellen Produktion, um dem Mittelstand den von der Großindustrie vernachlässigten Bereich der mittleren Stückzahlen wirtschaftlich attraktiv zu machen.

   Für den Bereich kleiner und kleinster Stückzahlen interessante Verfahren zum Rapid-Prototyping lassen heute einen Einsatz in der Produktion nicht zu, da sie zu langsam und zu teuer sind. Eine Weiterentwicklung derartiger Prozesse im Hinblick auf höheren Durchsatz und Steigerung der Auflösung bei gleichzeitig reduzierten Kosten würde auch in diesem Segment wirtschaftlich interessante Perspektiven eröffnen.

   Weitere Ansatzpunkte für eine Reduzierung der Produktionskosten werden in der Entwicklung einer weitgehenden „Assembly-freien" Produktion, die durch selbstorganisierende Prozesse („self-assembly") kostenintensive Montage- und Justierschritte vermeiden kann, gesehen.

2. *Informations- und Kommunikationstechnik:*
   Für die Entwicklung eines Massenmarkts „optische Kommunikationstech-

nik" muss „Fiber-to-the-Home" für den Endanwender eine kostengünstige Alternative werden. Signifikantes Beispiel ist der optische Transceiver, für den ein Stückpreis nicht über 1,– EUR angestrebt wird. Dies lässt sich nach Auffassung der Experten nur durch Low-cost-Mikrosystemtechniklösungen auf Polymerbasis erreichen, wofür die technologische Basis erst noch geschaffen werden muss.

3. *Optimierung und Simulation:*
   Übereinstimmend wurde von den Teilnehmern des Workshops ein großes Defizit im Bereich Simulation, Modelling und Optimierung gesehen. Ausbildung von hochqualifiziertem Fachpersonal und Toolentwicklung stellen hier die größten Herausforderungen dar.

4. *Neue Bauelementekonzepte:*
   Eine weitere Miniaturisierung von Bauelementen erleichtert die Kopplung an Nanosysteme. Sie führt zu einem verstärkten Einsatz in mobilen, flexiblen und humanorientierten Mikrosystemen für die Informations- und Kommunikationstechnik. Zudem ergeben sich verstärkte Einsatzmöglichkeiten in der Gesundheitsvorsorge und im Bereich medizinischer Therapien. Schritte dahin sind die Entwicklung von Bauelementen in photonischen Band-Gap-Materialien, Quantum-Dot-Strukturen, optischen Nanostrukturen und Arrays von Millionen optischer Elemente.

Zu Fokussierung des Themengebiets werden eine Reihe von Leitthemen vorgeschlagen, deren Bearbeitung in Netzwerken aus Universitäten, Forschungsinstituten und technologietreibenden kleinen und mittleren Unternehmen erfolgen soll. In enger Zusammenarbeit mit den im Systemgeschäft führenden Großunternehmen lassen sich damit alle für den Wirtschaftsstandort *Deutschland* relevanten Einzelaufgaben in den Themen

- Technisches Sehen,
- Displaytechnik,
- Datenbrille,
- Optische Kommunikation und
- Optische Sensorik

bündeln. Dabei liegen die für alle Themenfelder schwerpunktmäßig zu bearbeitenden Aufgabenfelder übereinstimmend in den Gebieten

- Material,
- Komponenten,
- Systeme,
- Aufbautechnik sowie
- Kostenreduktion.

Eine mögliche Forschungsförderung der „enabling technology" Mikrooptik sollte auf folgende Aspekte fokussiert werden:

- Technologieförderung, festgemacht an marktrelevanten Demonstratoren,
- Kombination von Materialentwicklung und geometrischer Strukturierung und
- Vordringen in die Nanooptik zwecks Erkenntnisgewinn und Erschließung neuer Anwendungsfelder.

Ein daraus resultierender wünschenswerter Förderumfang für die Mikrooptik wird auf etwa 10 Mio. EUR pro Jahr abgeschätzt. Davon sollten ca. 20 % auf Grundlagenforschung und weitere 20 % auf Technologieentwicklung in existierenden und auszubauenden Zentren in Form von wissenschaftlichen Verbundprojekten entfallen. Der größere Teil von 60 % sollte auf Verbundprojekte entfallen.

Essentiell für das Tempo bei Entwicklung und Anwendung der Mikrooptik ist die enge Zusammenarbeit von Universitäten, Forschungsinstituten und jenen kleine und mittlere Unternehmen, die sich schon bisher als Technologietreiber erwiesen haben. Sowohl in den *USA* als auch in *Europa* – einschließlich *Deutschland* – hat sich gezeigt, dass die technologische Weiterentwicklung in den ersten Phasen in starkem Maße über kleine und mittlere Unternehmen läuft, die neue Technologien an neuen mikro- und integriert-optischen Bauelementen entwickeln. Die für die Mikrooptik relevanten Replikationsverfahren sind in mittleren Stückzahlen für kleine und mittlere Unternehmen hochinteressant. Deshalb sollten nationale und internationale Forschungsnetzwerke ausgebaut und unterstützt werden, die die ganze Palette von der Grundlagenforschung an Universitäten und Instituten, der angewandten Forschung in den *Fraunhofer Instituten* über die Technologieumsetzung in kleine und mittlere Unternehmen bis hin zur Systemführerschaft von Großunternehmen umfassen. Im Hinblick auf die deutsche Industrie wird angeregt, Netzwerke einschlägiger mittelständischer Unternehmen zu unterstützen mit dem Ziel der gegenseitigen Unterstützung bei Akquisition, Produktion und Vertrieb.

Um die Bedeutung der Mikrooptik im Bewusstsein der Bevölkerung zu verdeutlichen, ist eine wesentlich stärkere Öffentlichkeitsarbeit notwendig. Das insgesamt positive Image der in der Regel nur mit Brillen und Ferngläsern assoziierten Optik (*„Optik ist gut"*, *sie stellt keine Gefahr dar!)* muss gezielt genutzt und gestärkt werden.

6.3 Mechatronische Mikrosysteme

Mikroelektronische Schaltkreise zeichnen sich heute dadurch aus, dass bei kontinuierlicher Strukturverkleinerung die Leistungsfähigkeit und Funktionalität beständig wächst. Eine ähnliche Entwicklung ist für die nicht-elektronischen Komponenten der Mikrosystemtechnik zu verzeichnen. Auf dieser Basis wird eine Integration hochgradig miniaturisierter Systeme mit einem Volumen von nur noch wenigen mm^3 heute an vielen Stellen der Welt angestrebt. Unter den Bezeichnungen „Smart Dust", „eGrain" etc. verbergen sich Entwicklungen von autonomen Sensor-Systemen, die – mit einer entsprechenden Sensorik, drahtlosen Kommunikationsmöglichkeiten und einer ausreichenden Stromversorgung ausgerüstet – für vielfältige Mess- und Überwachungsaufgaben aber auch für spezielle Kommunikationsprobleme genutzt werden sollen. Der Schritt zum „Mikroroboter" erfordert dann nur noch die Kombination mit mikromechanischen Elementen, d.h. die zusätzliche Ausstattung mit einer adäquaten Aktuatorik.

Während die klassische Mikromechanik – gekennzeichnet durch rein mechanische Komponenten – bereits ihre Anwendungen gefunden hat, befindet sich der Schwerpunkt der technischen Entwicklung heute im Bereich der Mikromaschinen und der Mikromontage: Die Kombinationen aus Mikroelektronik, Mikrosystemtechnik und (Mikro-)Mechanik wird gern unter dem Begriff „Mikromechatronik" zusammengefasst. Zentrale Themen einer modernen „Mikromechatronik" sind:

- mechanische Mikrokomponenten,
- Mikromaschinen,
- Mikromontage und
- Mikroroboter.

Die Anwendung mikromechanischer Komponenten, die Entwicklung von Mikromaschinen, die Mikromontagetechnik und schließlich die Mikroroboter kennzeichnen dabei den Entwicklungsverlauf der Mikromechatronik. Der industrielle Einsatz mikromechanischer Komponenten und die Mikromontage hat bereits begonnen: Mikromaschinen und die Mikroproduktion sind Gegenstand aktueller Forschungsprojekte und eröffnen weitreichende Perspektiven für die Zukunft.

Mikroroboter sind dagegen noch ein Zukunftsthema. Die Vision vom autonomen „Mikroroboter" ist weniger als konkrete Produktvorstellung, sondern vielmehr als Synonym für das Ziel zu verstehen, biologische Mikrosysteme wie z.B. eine Stubenfliege mit technischen Mitteln kopieren zu können. Biologische Mikrosysteme vereinen Sensorik, Aktuatorik, Navigation, Fortbewegung und die notwendige Energieversorgung mit höchster Effizienz auf kleinstem Raum und sind damit ein Musterbeispiel für eine perfekte Systemintegration.

Der gerade erst begonnene Weg zur Entwicklung autonomer Mikroroboter gibt aber schon heute entscheidende Hinweise auf zukünftige Entwicklungsschritte und mögliche Anwendungen. Terrestrische Mikroroboter mit aussichtsreichem Anwendungspotenzial sind von Forschungsinstituten schon demonstriert worden. Fluidische (aquatische) Mikroroboter erscheinen ebenfalls erfolgversprechend und flugfähige Systeme werden insbesondere für militärische Anwendungen angestrebt.

Großes Interesse an den mikromechatronischen Entwicklungen besteht insbesondere aus dem Bereich Medizintechnik. Aber auch in anderen Branchen werden zukunftsträchtige Anwendungspotenziale gesehen. Dazu gehören aus heutiger Sicht insbesondere:

- Produktionstechnik,
- Medizin,
- Fotografie,
- Sicherheit und Überwachung,

- Haushalt und
- Spielwaren.

Es lassen sich eine Reihe von Leitthemen für die Zukunft der Mikromechatronik definieren. Ziel dieser Leitthemen ist es, neue, noch nicht unmittelbar industrierelevante Ideen aufzugreifen und in einen Entwicklungsstand zu überführen, von dem aus ein späterer Transfer in die Industrie leicht möglich ist. Für das visionäre Leitbild des „Mikroroboters" müssen eine ganze Reihe von Aufgaben bearbeitet werden, die eine erhebliche Hebelwirkung auch auf andere Bereiche der Mikrosystemtechnik haben werden. Dazu gehört z.B. die verstärkte Adaption biologischer Prinzipien, die Weiterentwicklung der Energieversorgung technischer Kleinstsysteme, aber auch eine angepasste und problemorientierte Informations- und Kommunikationstechnik. Durch die vorgeschlagenen Vorfeldthemen wird es möglich sein, auch zukünftig das industrielle Umfeld mit aktuellen Entwicklungen zu versorgen und so die internationale Spitzenstellung in der Mikrosystemtechnik zu behaupten.

Die größte Anwendungsnähe einer mechatronischen Mikrosystemtechnik besteht ohne Frage in der „Produktionstechnik", wo frühzeitig Einzelentwicklungen industriell umgesetzt werden können, ohne dass ein autonomer Mikroroboter in seiner ganzen technologischen Herausforderung bereits realisiert sein muss.

Da kleinste Systeme in der Regel nur geringe Leistungen aufbringen können, ist für einen sinnvollen Einsatz von hochgradig miniaturisierten Maschinen die Entwicklung einer „Leistungsaktuatorik" unabdingbar, ohne die einer mechatronischen Mikrosystemtechnik große Anwendungsgebiete verschlossen bleiben. Es geht dabei um die Steigerung der mechanischen Leistungsdichte bei gleichzeitiger Verkleinerung der Abmessungen – einer Trendumkehr in den Absolutwerten zur Leistungsabgabe.

Als mögliche Alternative zu einer direkten Leistungsaktuatorik gilt der bionische Ansatz der gezielten Kooperation einer Vielzahl von Mikroaktuatoren. Dies führt zu dem informatikorientierten Themenschwerpunkt „Mikrosystem-Schwärme", in dem die Zusammenarbeit einer großen Anzahl von Mikrosystemen behandelt wird. Der Softwareentwicklung wird dabei neben der erforderlichen miniaturisierten Hardware und der Systemintegrationstechnik eine wesentliche Bedeutung zukommen. Last but not least werden sich weitere Fortschritte in der Miniaturisierung und viele Anwendungen nur über die Entwicklung neuer „Materialien" erreichen lassen, die entweder besser oder billiger als heute verfügbare Werkstoffe sind.

Als Arbeitsfelder für eine thematische Fokussierung werden aufbauend auf diesen Überlegungen folgende Leitthemen vorgeschlagen:

- Mechanische Mikrokomponenten manipulieren: Mikromontagesysteme für die Produktion.
- Kleine Maschinen – höchste Leistung.
- Die Masse macht's: Mikrosysteme arbeiten zusammen.
- Der Natur einen Schritt voraus: Synthetische Materialien eröffnen neue Perspektiven.

Da sich die Mikromechatronik noch am Beginn ihrer Entwicklung befindet, ist sie – mehr als andere Gebiete – offen für interdisziplinär geprägte Weiterentwicklungen. Speziell die Biologie kleiner Lebewesen bietet neue Ansätze für die Übertragung von Funktionsprinzipien auf die Konstruktion mikromechatronischer Systeme. Die Bionik stellt hierzu von der Evolution geschaffene Vorbilder für viele Problemlösungen zur Verfügung, gibt jedoch keine „Blaupause" zum Nachbau in die Hand. Sie zeigt aber einen neuen interdisziplinären Entwicklungsansatz für zukünftige technische Problemlösungen auf, den es auszubauen und zu nutzen gilt.

Essentiell für eine sinnvolle Vorlaufforschung ist die enge Zusammenarbeit von Universitäten, Forschungseinrichtungen und visionären Unternehmen, über die erfahrungsgemäß die Einführung neuer Ideen und Technologien in die industrielle Umsetzung getriggert wird.

Der Aufbau neuer und die Kooperation mit existierenden nationalen und internationalen Forschungsnetzwerken, wie die schon vom *BMBF* geförderte Kommunikationsplattform „BioKoN", die die ganze Palette von der Grundlagenforschung an Universitäten und Instituten, der angewandten Forschung in den *Fraunhofer Instituten* über die Technologieumsetzung in kleine und mittlere Unternehmen bis hin zur Systemführerschaft von Großunternehmen umfassen, wird im Hinblick auf die Entwicklung einer schlagkräftigen und zukunftsträchtigen mikromechatronischen Industrie empfohlen. Der angestrebte wirtschaftliche Erfolg setzt eine ausreichende Akzeptanz mikromechatronischer und mikrorobotischer Anwendungen in der Bevölkerung voraus. Um diese zu erreichen, ist im Rahmen einer entsprechenden Öffentlichkeitsarbeit auch Verständnis für mikrorobotische Applikationen zu wecken und die notwendige Überzeugungsarbeit zu leisten.

6.4 Human-orientierte und ubiquitäre Mikrosysteme

Zwei weitere Themen wurden im Rahmen der Veranstaltung „Das Leben im Jahr 2020" detaillierter beleuchtet.

6.4.1 Humanorientierte Mikrosysteme

Die erwarteten gesellschaftlichen Randbedingungen werden dazu führen, dass bei zukünftigen technischen Entwicklungen nicht mehr die Technik oder Technologie, sondern der Mensch als Individuum im Mittelpunkt stehen muss. Es kann daher davon ausgegangen werden, dass Mikrosysteme zukünftig mehr und mehr human-orientiert sein werden und als Bindeglied zwischen Mensch und Technik eine neue Qualität der Mensch-Maschine-Schnittstelle ermöglichen, die wiederum eine wesentliche Voraussetzung für die Akzeptanz und damit auch für den wirtschaftlichen Erfolg zukünftiger Entwicklungen darstellt.

Mikrosysteme werden lernen zu sehen, zu hören, zu sprechen, zu tasten und zu riechen. Sie werden ihren Aufenthaltsort kennen und den äußeren Randbedingungen entsprechend reagieren. *Mikrosysteme als intelligente Werkzeuge der Zukunft* werden entscheidend dazu beitragen, als „Smart Environment" eine Brücke zwischen dem Menschen und einer computerisierten „Cyber World" zu schlagen. Sie werden maßgeblich zur Lösung des Akzeptanzproblems beitragen und somit Massenmärkte für die Industrie erschließen.

6.4.2 Ubiquitäre Mikrosysteme

Miniaturisierung lässt Mikrosysteme immer weiter schrumpfen, so dass sie in absehbarer Zeit in beliebige Gegenstände des täglichen Lebens integriert werden können. Mikrosysteme können dadurch in alle Bereiche des Lebens vordringen. Sie werden „allgegenwärtig" (ubiquitär) und ermöglichen auf der Basis von Low-Cost-Technologien eine umfassende elektronische Assistenz, umfassende Sicherheitstechniken und zuverlässige Identifizierungsmöglichkeiten. Ubiquitäre Mikrosysteme werden u.a. zur Grundlage für Handel und Logistik werden. Daraus ergeben sich Massenanwendungen mit sehr hohen Stückzahlen, die allerdings aufgrund ihres Wegwerf-Charakters ökologischen Ansprüchen genügen müssen.

Der überwiegende Teil zukünftiger Produkte werden dann „Mikrosysteme" in heutigem Sinne sein; „Mikrosysteme" und „Mobile Produkte" werden zukünftig gleichzusetzen sein. Die heute schon beginnende Vernetzung von Mikrosystemen und mobilen Produkten und ihre Einbindung in lokale und globale Datennetze wird zu einer Vielzahl von z.T. verteilten Systemen führen, was die Mikrosystemtechnik in völlig neue Anwendungsbereiche führen wird. Mikrosysteme werden dadurch die unterschiedlichsten Branchen durchdringen und allgegenwärtig und interdisziplinär werden. Das Schlagwort der „Ubiquitous Microsystems" wird den nächsten Abschnitt der Entwicklung der Mikrosystemtechnik charakterisieren.

Dies gilt besonders auch im Kommunikationsbereich, in dem der Mikrosystemtechnik eine zentrale Rolle in der Miniaturisierung, Vernetzung und in der Gestaltung der Mensch-Maschine-Schnittstelle zufallen wird. Im Automobil- und Maschinenbau werden die sensorischen und aktuatorischen Funktionen dominieren, wobei den Leistungsaspekten und der Zuverlässigkeit eine weiter zunehmende Bedeutung zufallen wird. Mikrosystemtechnik ist, wie oben schon beschrieben, auch eine Schlüsseltechnologie für den Bereich der Life-Sciences.